U0174576

本项目由北京市优秀人才培养青年骨干人才、科技创新服务能力建设——城乡生态环境北京实验室建设支持

乡村的形与韵

乡村景观与产业振兴研究

王润 著

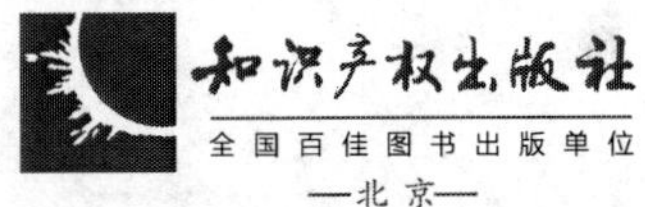

图书在版编目（CIP）数据

乡村的形与韵：乡村景观与产业振兴研究 / 王润著. -- 北京：知识产权出版社，2020.7

ISBN 978-7-5130-6956-4

Ⅰ.①乡… Ⅱ.①王… Ⅲ.①乡村规划—研究—中国 Ⅳ.① TU982.29

中国版本图书馆 CIP 数据核字 (2020) 第 088592 号

内容提要

在城镇化推进和城乡一体化的背景下，乡村面临人口老龄化、村落空心化、农业衰落等问题的威胁，邻近城市的乡村在城市蔓延中逐渐消失，而位置偏远的地区农村由于人口流失而变成空心村。只有探索农村产业的振兴路径，才能从根本上留住人、留住乡村、留住乡愁。在产业规划领域，多数关注于城市区域和开发区，乡村产业规划面临的问题有较大区别，如集体土地、空间管制、空心村、公共服务设施滞后等方面，本书将结合笔者从事的乡村产业规划工作，从理论和案例两个角度提出我国乡村产业规划的产业选择方法，为村庄规划、乡村产业规划、休闲农业规划的教学与实践提供参考。

责任编辑：李　娟　于晓菲　　　　**责任印制**：孙婷婷

乡村的“形”与“韵”——乡村景观与产业振兴研究

XIANGCUN DE “XING” YU “YUN”——XIANGCUN JINGGUAN YU CHANYE ZHENXING YANJIU

王　润　著

出版发行：知识产权出版社有限责任公司　　**网　　址**：http：//www.ipph.cn

电　　话：010-82004826　　http：//www.laichushu.com

社　　址：北京市海淀区气象路 50 号院　　**邮　　编**：100081

责编电话：010-82000860 转 8363　　**责编邮箱**：laichushu@cnipr.com

发行电话：010-82000860 转 8101　　**发行传真**：010-82000893

印　　刷：北京中献拓方科技发展有限公司　　**经　　销**：各大网上书店、新华书店及相关专业书店

开　　本：720mm × 960mm　1/16　　**印　　张**：13.25

版　　次：2020 年 7 月第 1 版　　**印　　次**：2020 年 7 月第 1 次印刷

字　　数：185 千字　　**定　　价**：68.00 元

ISBN 978-7-5130-6956-4

自 序

自小在城市长大的我，孩提时代最深刻的记忆是那段被父母送到乡下祖母家度过的暑假时光。清晨听闻鸟叫而睁开眼睛，布谷鸟、麻雀、啄木鸟……写完每天的作业，便可自由地在院子里溜达，从土坯墙的空隙里看到蛇蜿蜒而过，捡起一块石头便能摆弄很久，口渴就去喝略带苦涩的井水，饿了爬上一棵弯腰的枣树摘最红的枣子。如果比较听话，还会被大人恩赐似的带到地里，如果运气好，能找到野甜瓜，记忆里它的香甜至今没有什么水果能够超越。田埂边的水渠里长了很多野草，人一走过，蚂蚱纷纷跳起，抓住几只，用狗尾草穿成一串，烤来自己吃，吃不完就带回去喂猫。晚饭时分，炊烟袅袅，空气中弥漫着柴火的味道，厨房里传出噼里啪啦的声音，红红的灶火烧着铁锅，里面炒的是刚从田里摘下的瓜菜。夜幕降临，灯光昏暗却温暖，这时我最喜欢挥着手电筒，穿过迷宫般的窄窄的胡同，去找小伙伴玩耍，捉知了猴、抓蛐蛐，抬起头是漫天星斗，猎户座、北斗星，偶尔会遇到明亮的流星划过夜空。入夜，四周一片寂静，只有虫鸣相伴入梦乡。20 多年过去，那个华北平原上普通的小村庄还在，但已不复当年的光景。1000 多人的村子，仅有 200 多人常住，几乎全都是无法走出去的老人。每年过年随父亲去看望已逾九旬却不肯离开故土的祖母，看到他苍老的模样，看到邻居家已空无一人，断壁残垣上枯黄的草随风摇曳，心里便有一种说不出的滋味。这些便是幼时的我对乡村最直接的认识和感受。

在北京攻读博士之时跟随导师做课题的机缘，我到过天津大港区一个小村子，这个村子被农业公司看中，计划建成农业主题休闲度假区。镇政府在试图促成这项投资，动员村民们搬迁。镇政府给出的理由很充分，村民们搬走之后可以住进安置房，享受一次性购买社保的福利，年满 50 岁之后便可领取养老金，自家房屋和农田能收获租金，如果愿意还可以到农业公司工作，又获得一份收入。令我印象深刻的是，一位黝黑的脸上布满皱纹的老农民喜悦地说，终于在城里有房子给儿子娶媳妇了。而他们不知道的是，这个项目遇到了很大的困难，这些困难主要来自对土地严格的用途限制，投资商想了很多办法，例如在停车场上修一些临时的小木屋，把大棚的工具间盖成两层等，但村民们对签下搬迁合约的风险浑然不知。在与政府、投资商和村民的接触中，我感受到乡村的改变似乎不可避免，乡村地区尝试建立起一种新模式，而新模式面临一些困境，例如如何保障进城农民的利益，如何为乡村引入新产业，等等。这是我第一次以局外人和规划者的视角去看待乡村，这令我觉得乡村值得进一步思考。于是在博士论文选题的时候，我便选择了大城市周边的乡村旅游产业作为研究对象。

毕业后，机缘巧合，我来到一所农业院校工作，似乎与乡村结下了解不开的缘分。工作之后接触到乡村规划的机会一时间多了起来，五六年之中，不论是我所熟悉的乡村旅游领域，还是过去没涉及的乡村产业发展领域，我均参与了一些实践工作。我所在的园林学院，研究领域涉及乡村的生态、景观和产业的融合，这让我有机会去思考这些要素之间的关系。与此同时，政策层面对乡村的支持日益增多，乡村振兴、精准扶贫、特色小镇、田园综合体等热点层出不穷。一时之间，乡村研究成了学术界的热点，乡村发展成为区域经济的侧重点。以我的专业视角，能够对乡村景观和乡村产业能够有很好的切入点，因此在这几年参与课题和调研过程中，我不断积累资料和案例，2018 年暑期终于有短暂的课题空闲，我重新组织和梳理了过去所思考的问题，开始着手写作这本关于乡村景观和乡村产业的作品。

本书分为六章。第一章阐述乡村景观的价值，城市化进程之中，城市土地变得寸土寸金，为何乡村还要保留下来。第二章说明乡村更新实践过程中，已经出现了哪些问题，还有哪些问题是需要被关注的。第三章我总结了一定的规则，这些规则是关于我国典型的乡村都是什么样的，不同地区的乡村在这些规则之下有什么差异。第四章列举了在乡村产业发展中，可以从哪些产业中进行选择，哪些产业有潜力，哪些产业有特色。第五章通过地理信息的方法分析了乡村旅游产业发展的区位条件。第六章探讨在乡村产业过程中，村民的角色和产业参与的不同途径。

乡村研究热和乡村实践热的背后，许多问题需要冷静思考。在农业科技进步和交通方式变革驱动之下，当今的城乡关系达到了一种新的平衡。城乡再平衡的路上，一些村子消失了，它们是许多人的故乡，所以人们怀念。一些村子保留下来，这些保留下来的村子能够达到怎样的高度，是纯净的小镇，是美好的田园，还是避世的乐土？所以人们期许。若本人浅薄之见能为致力于乡村振兴的有识之士提供一些启发，便是本人著此书的意义所在。

最后，感谢在项目调研中全力工作的张显、张雯等同学。因为你们的帮助使本书得以顺利出版。

王 润

2019 年 1 月 30 日

于河北崇礼

目　录

第一章　城市化背景：乡村景观价值的再认识……1

一、乡村景观的内涵……2

二、乡村景观的价值……9

第二章　遗失的美好：乡村景观的困境与矛盾……20

一、乡村景观：曾被遗失的美好……21

二、乡村景观地域风格：编织美丽乡愁和幸福生活的印记……23

三、乡村景观地域风格：致力保护却依旧面临挑战……25

第三章　村舍与良田：乡村景观格局的要素……39

一、乡村景观格局的评价方法……40

二、不同地域乡村景观的特征……45

三、传统乡村景观的地域性……56

四、乡村景观空间格局特征……72

第四章　重生与振兴：乡村现代产业发展实践……84

一、乡村第一产业……84

二、乡村第二产业……137

三、乡村第三产业……142

四、乡村第三产业的特殊行业——乡村旅游……146

第五章　规则与秩序：乡村旅游用地特征探索……151

一、获取乡村旅游发展数据的一个方法……154

二、乡村旅游发展的优势区……157

三、基于文本分析的乡村旅游类型信息……171

第六章　反思与重构：乡村发展中的权利主张……174

一、谁是产业发展的主角——以乡村社区旅游土地研究为例……174

二、不同旅游土地权属模式下的村民感知……181

三、产业发展中村民所扮演的角色和生存状态……188

参考文献……192

第一章　城市化背景：乡村景观价值的再认识

几千年来，我国一直以“农耕文明”为社会经济生活的主要特征，大多数的人口，以耕地为中心，通过农业劳作维持生计，并居住在分散且低密度的乡村聚落之中。近代以来社会进程的发展令这种“农业人口”逐渐减少，产业发展需要更多的人集中居住以方便就业，从而城市便形成了。同时，科学技术令农业生产率大幅提高，农村不再需要如此多的劳动力。居住在城市的人口的规模占总人口规模的比率即城市化率，2012 年，我国城市化率首次突破 50%，北京、上海等大城市已经超过 80%，城市人口总量超过农村人口,这就意味着未来乡村将会成为很多人的“记忆”和“过往”。我国一直在推行“城镇化战略”，工业和服务业能够容纳更多的就业人口，创造比农业更大的价值，城市对人口的吸引从未停止。城镇愈来愈成为社会经济发展的主要阵地，表现为城市人口增多、建设用地蔓延、产业结构升级和生活方式转变，乡村成了现代潮流被忽略和舍弃的一部分。城市被认为是“富裕的”“洋气的”“先进的”“开放的”，而乡村则被误认为是“贫穷的”“土气的”“落后的”“愚昧的”。农民为了生计和享受更好的公共服务竞相进城，村落人口流失直至不断消失。城市为了能够容纳更多的人口和工厂，不断蚕食着乡村的空间。仅仅从经济效益上讲，乡村景观被城市景观所替代，带来了更快的财富增值，而这并非事物的所有方面，我们需要从多个角度来思考这个问题。例如粮食的安全问题，城市假如在空间上过度膨胀，耕地不足以供养城市人口，则乡村所供养的城市需要通过贸易获得粮食的补充，这就会在特殊时期带来风险。再如卫生和健康，高度集中居住的人口会面临瘟疫的威胁，城市用地紧张，房价过高，居住条件差。此外在景观方面，乡村是一种适应自然的生产生活方式，而城市已经脱离了自然环境，面临的危机还不被人所知。因此乡村景观是极为重要的，首先就要知晓什么是乡村景观。

一、乡村景观的内涵

（一）乡村景观的概念

“景观”一词，记录着自然、经济和社会等一系列因素对土地作用的结果，景观的自然要素有土壤、水体、植被等，景观的社会要素包含道路、房屋、采石场、篱笆栅栏等（Peccol et al.，1996）。景观也不仅仅是自身所表现出来的物质形态，而是精神表征、价值判断、权利的符号，代表的是社会和精神建设（Daugstad，2008）。

所谓乡村景观，是指以农业聚落为中心的空间格局，包括森林、山川、河流、湖泊、草原、荒地等自然景观和农舍、生产设施、农田、村落、农业遗产、田园生活等文景观。乡村景观格局中，人类干扰程度低，土地利用粗放，是处于城市景观之外的区域（王云才，2002）。乡村性、地域性、低干扰、农业为主体是乡村景观的典型特征。

这里还需要明确三点。第一，并非处于乡村地区的景观便可以被视为乡村景观，乡村景观应是一种存在，而非人为或政策的规定。在我国现行的城乡建设用地管理制度下，乡村地区的用地性质大部分为集体所有的土地，这包括耕地、村落、山林等，也零星分布有商业用地，这些用地一般转变为城市建设用地，是国有土地，例如乡村旅游区的酒店、餐厅等。虽然处于乡村地区的空间范围，但建设了一个主要为城里人服务的度假村，再例如类似改革开放之后在我国东部地区镇镇开花的工业区，景观不连续，建筑风格突兀，这并不能算作乡村景观。因此，乡村景观必须处于乡村地域，且保持着或者基本保持着传统的农业生产生活方式，或者通过展示这些传统生产生活方式而发展延伸的服务业和现代化农业。第二，要理解乡村景观是不断发展变化的。过去人们利用耕牛劳作，现在是机械化大生产；过去人们住在简陋的单层农舍里，现在有了二层、三层楼房；在我国的长江中下游地区，人们利用溇港的方法改造沼泽和洪泛区，而现在可以用水坝达到同样的目标，也许那些溇、港已经失去了初始的作用，但人们还持续在这片土地上耕作着。这均是乡村景观随着社会经济发展产生的新变化，不能说只有最传统和原始的才是乡村景观。第三，不同地域、不同经济发展水平之下的乡村景观应该有其个性之处。乡村景观作为人类对本底环境干扰较少的用地方式，基底环境深刻地影响着其物质特征和运作模式，而在不同的经济发展水平之下，乡村景观的变化程度也是不同的，没有孰优孰劣，只在于是否能够适应区域特征和经济发展水平。例如东北地区、华北地区、江汉平原可以用农业机械支撑，而长江中下游地区则由于田块细碎，只能使用小型手持的农业机械；有的村子还在使用旱厕，有的已经完成了上下水的改造。

乡村景观作为一种有别于城市景观的空间地域综合体，在都市区域空间系统中起着重要作用。乡村景观兼具经济价值、社会价值、生态价值和美学价值（谢花林 等，2003）。乡村景观维系着城市系统的生态平衡，为城市居民提供农林牧副渔业产品，提供良好的人居环境，满足城市居民的休闲需求，传承千百年来的农业文明。但在城乡二元结构背景下，城乡物质能量交换处于不平等的状态，乡村景观的功能与价值被严重低估，同时城市空间系统面临崩溃：城市失去特色、交通拥堵、环境污染……一系列问题值得人们反思。近年来兴起的乡村景观规划设计和绿道规划建立在美学和休闲需求的基础上，对乡村景观的功能却考虑不多。与此同时，城市郊区乡村地区的城镇化进程加速，城市蔓延是迄今为止最显著的土地利用改变（Larondelle & Haase，2013），在这个过程中，乡村景观应该朝着什么样的功能转变，是需要认真思考的问题。那乡村景观的发展变化中，哪些要素会变化呢？首先要明确乡村景观的构成。

乡村景观作为构成乡村地域综合体的基本单元，是由乡村聚落景观、经济景观、文化景观和自然环境景观构成的景观环境综合体（刘滨谊，王云才，2002）。乡村景观可以划分为人工干扰较少的自然景观和体现生活方式的人文景观（张晋石，2006）。乡村景观可以说是自然的，因为乡村景观比城市景观受人工干扰的程度低得多，乡村景观也体现了贴近自然的生活方式；同时，乡村景观也应该是人文的，它体现了人类对自然的改造。乡村景观是人与自然长期交互作用的结果，即使是乡村人文景观也打上了乡村地理环境的深深烙印（Pocas et al.，2011）。聚落、建筑、开敞空间和边界等文景观是乡村景观的典型符号（Torreggiani et al.，2014）。乡村景观是一个历史产品，在森林等自然景观的背后，我们应该看到古老的景观格局和丰富的人文历史，过去千百年来，人们通过对乡村自然景观的改造，创造了多样的文化遗存（Agnoletti，2014）。综合上述学者们的观点，根据乡村地域人类干扰的程度，乡村景观可划分为两个基本类型：乡村自然景观和乡村人文景观。

（二）乡村自然景观

乡村地域景观中人工干扰较少，且保持了自然基底风貌的空间属于乡村自然景观，主要包括森林、水体、草原、荒野等土地利用类型。乡村自然景观是乡村人文景观的发展背景，是乡村景观的环境基质，决定了乡村的分布与宏观格局，乡村人文景观的存在和发展是与自然景观紧密相关的，“背山而居、面朝河流、笔架山、风水林”等中国传统的居住哲学反映着自然景观的重要影响。同时乡村自然景观影响远远超出了乡村地域的范畴，其生态系统服务功能已经影响中心城市的可持续发展。但乡村自然景观一直面临着巨大威胁，在现有发展理念框架下，乡村自然景观的价值难以体现，不断被农田景观和聚落景观所侵占，甚至工业用地和旅游设施用地也在乡村自然景观区域中出现。事实上，农业和林业产出的增加虽然提高了乡村地区的经济收入，但造成自然景观面积缩减，破坏了原有的碳氮循环平衡，导致水土流失、空气污染和物种基因流失（Laterra et al.，2013；Baral et al.，2014）。景观的破碎化也会导致乡村景观系统整体功能下降。

1．背靠山与洪积扇

山地为汇水区，其中的峡谷在雨季往往会发生洪水，并非人类理想的定居地；而山坡上则土地贫瘠，也不利于农业生产，同样没有被人类所选择。距离大山不远的地方，往往是人口最为稠密的地区。背靠着大山，山地中源源不断的冰雪融水和雨水流过村庄，为人类生活提供了水源，山中的物种资源可供采集和利用，正所谓“靠山吃山”。而我国在冬季盛行西北风，坐北朝南而北部有靠，则避免了冬季寒潮的侵袭。在山麓的“开口”之处，即山谷向平原延伸的通道，堆积了大量的砾石、黏土等流水堆积物，形成了一个类似扇形，中心高、边缘低的地理要素，即“洪积扇”。很多村落坐落在洪积扇上，这是由于出口处砾石多，而扇缘处黏土多，距离出口越远被流水所搬运的物体越小。砾石透水而黏土保水，这就令洪积扇拥有了良好的地下水资源，同时海拔较高，避免了洪水的影响。因此，这样的自然条件和要素的组合便促成了人类的定居。我们也许只能看到表象，但自然景观各要素的内在作用机制却一刻也没有停歇。

2. 河流之阳的意义

山之南、水之北，谓之阳。处于河流之北，为何是乡村所需要的独特条件呢？这与一种地理学上的名词“科里奥利力”（Coriolis force，也称作“哥里奥利力”，简称为科氏力，是对旋转体系中进行直线运动的质点由于惯性相对于旋转体系产生的直线运动的偏移的一种描述。一般认为，科里奥利力来自于物体运动所具有的惯性）。相关，这是一种由于地球自转带来惯性而产生的微妙的力量，在河流中上游也许并不明显，但在人类大量聚集的河流中下游，这种力量就显示出了它的威力。在北半球，这种力量令右岸受到比左岸更大的冲刷力量，我国的河流多数流向是自东至西，这就意味着南侧为右，所以居住在河流南侧的居民比居住在北侧的居民面临着更大的洪水泛滥的风险。这是一种自然景观，人类虽然不能完全按照自己的意图改造它，却在不断地适应、利用它。

3. 风水林与杀猪林

从生态学的视角来看，森林带给人类的益处在于调节气候、水土保持、景观绿化、薪柴产出等方面。在我国南方地区的村庄则特意保留或培育一部分森林，这片森林被认为左右着村落的风水。当然其中的作用机制被人们解释为挡风、保水、遮阴等，但是否还有不为人所知的方面呢？

4. 湖泊沼泽湿地

如前文所述，人类偏好于居住在洪积扇上，洪积扇地势较高，一般不会有湖泊、沼泽和湿地的存在。然而随着人口的增加，为了生计，一些人来到低洼和积水的地区，但他们还面临一个问题，如何有效地防止洪水的侵害。最后，先人们想出了一个好办法，通过改造微地形来适应这样的自然环境。首先，他们要发现滨湖地区小型的积水地区，然后通过人工挖掘的办法把小水塘与大湖泊相连，这样大小湖泊就连在了一起，枯水时，大湖泊则会向周遭放水；丰水时，周遭的洪水汇入大湖泊。水的枯与丰，是自然景观系统的呼吸。人类则定居在这些小水塘和人工河围成的高地上，既能防止洪水冲毁家园，亦可利灌溉之便。白洋淀、衡水湖、微山湖、太湖、巢湖等，我们不妨留心一下这些湖泊周遭的河网，虽然很多已经消失了，但还是可以从古地图上领悟到在这种自然景观之下，人类改造自然的艰辛和智慧。

5. 草原与荒漠

高山或者高纬地区，草原和荒漠成为自然景观的主导。森林稀少，意味着温度低、降水稀少、土地贫瘠，不足以满足高大树木的生长需求。此种自然景观之下，乡村定不会是良田广阔、一片金黄。由于生态极端脆弱，自然承载力十分有限，村落之间距离很远。甚至还有些地区保留着游牧的生活传统，在广袤的大地之上，牧民择水草而居，放养牛和羊，捕猎野马。较低的能量转化效率和粗放的生活方式，能够供养的人口很少。因此，草原和荒漠之上，人烟稀少，土地辽阔，村落边牛羊成群。

（三）乡村人文景观

乡村人文景观是人类为了生活与生产改变了原始的自然基底之后的部分，主要包含聚落景观、农田景观、文化景观三个部分，即生活的景观、生产的景观，以及社交传习的景观。

1. 乡村聚落景观

聚落景观是乡村景观中居民进行生产和生活的场所，由于聚落景观承载了乡村地区的生产生活方式，成为反映乡村地域特征的主要空间元素。乡村是人类聚落环境的基本细胞，过去也是中国大部分人口的聚居场所（刘滨宜，陈威，2000）。作为人类聚落发展的起源，乡村聚落以其突出的地域适应性、简单实用的空间组织性，充分体现了人地关系的和谐，成为承载人类文明的重要依托（马少春，2010）。乡村聚落景观中的房屋样式、村落格局、开敞空间、公共活动空间的类型与布局记录着千百年形成的乡村地域特征。草原蒙古包、北京四合院、徽派建筑、江南民居、云南吊脚楼、福建土楼等独特乡村聚落景观是典型的地域符号。除了居住功能，聚落景观还具有较高的美学价值，聚落景观已经成为乡村旅游发展的依托，村落格局、巷陌肌理、建筑样式、房屋色彩、建筑符号、房屋与地脉人脉的适应性是聚落景观美学价值的主要反映，传递着具有地域特征的审美取向。

2. 乡村农田景观

尽管城市郊区的乡村地区农业种植面积不断缩减，农田景观依旧是乡村景观中最重要的组成元素之一。农业生产是乡村地区的主要产业构成，农田景观又是乡村农业生产的载体。华北平原田垄整齐，而云贵高原和长江中下游平原，受小山峰或水系的影响，田块大小不一，犹如镶嵌的马赛克。农田中的作物类型、耕作方式、空间布局体现了乡村地区的自然地理特征和历史文化传承：东北黑土地上一年一耕作，中温带和亚热带一年两耕作，热带地区一年三耕作；有机蔬菜、水果和毛竹、菊花等经济作物和观赏作物的种植提高了农田的经济产出，并且丰富了大地景观的类型。一些地区特有的农业耕种方式，如云南哈尼梯田展示了“江河—森林—村寨—田园”的美好画卷。农田景观的特征，展现了自然气候的影响，反映了自然地脉的走向，也凝聚着先民们的传统智慧。

3. 乡村文化景观

乡村文化景观，包含了人类与自然环境之间交互作用的多种表现形式（单霁翔，2010）。广义上可以包括聚落、农田、人物、服饰、习俗、公共空间等，表现为聚落、土地利用和建筑等方面（汤茂林，2000），这里可以特指除聚落和农田景观之外的能够体现人适应和改造自然的物质载体。

文化景观是人类土地利用历史和遗迹的证据，可作为土地持续利用的活样板（角媛梅 等，2001）。乡村文化景观记录着乡村地域的过去，又预示着乡村的未来。我国乡村景观中常见的有风水树、村门寨门、公共建筑、纪念建筑、文化场所、传统服饰、民间艺术等，融入乡村生活的方方面面，乡村文化景观的元素共同塑造和呈现了乡村地域的整体风貌和精神特质。在越来越多的乡村改造和实践之中，引入外来的乡村建筑风格成为发展旅游和乡村物质空间更新的一种普遍做法，这看似营造了一种景观氛围，实际上，这种外来的建筑风格是否能够与当地的气候环境、自然肌理、生活方式相匹配而发挥出原有的功能，而植入地的生活习俗和生产方式是否能够适应这种新的物质空间，都是值得深入思考的。

二、乡村景观的价值

（一）生态学的解读——生态系统与景观的服务

过去一百余年间，人类经历了科学技术的日新月异，人类的生活方式发生了根本改变。与此同时，经济高速增长背后的生态环境问题日益凸显，人类错误地认为生态系统是大自然的赠予，是取之不尽、用之不竭的（李文华 等，2009）。而生态系统提供的服务价值并未市场化，使人们在经济运行时忽略自然资源和生态系统的价值，这种忽略也造成生态环境的破坏（谢高地 等，2001），因此重新定义生态系统价值的需求越来越大。西方早在几十年前就提出了“自然资本”的价值（Vogt，1984）、“自然的服务”（Westman，1977），以及目前广泛研究的“生态系统服务”的概念（Wilson & Matthews，1970）。20 世纪 90 年代，书籍和权威论文的发表更让生态系统服务研究成为全球热潮（Daily，1997；Costanza et al.，1997），近些年仍是如此，国内外研究论文发表以年均 40% 的速度增长（李双成 等，2011）。

生态系统服务，是指人们从生态系统获得的产品和服务，对维持和满足人们的生活需求有重要作用（Karrasch et al.，2014），简单地说，即人类从生态系统中获得的利益。因此，生态系统服务一方面是一个描述性的框架，这个框架能够反映人与生态系统之间的功能交互；另一方面又是一个可计算的数值，能够估算生态系统对人类的价值（Abson et al.，2014）。生态系统服务不仅涉及产品生产、景观娱乐和文化教育等直接价值，而且涉及土壤保持、固碳放氧、污染物降解、水源涵养、气候调节、干扰调节、营养循环、栖息地和生物多样性等间接功能（赵军，杨凯，2007）。采用各种方法对生态系统的服务价值进行评价和货币化，是生态系统服务的重点研究内容（谢高地 等，2007）。

现如今，人们对生态系统服务越来越关注，对生态服务价值的估算取得了大量的研究成果。然而，有一个问题一直困扰着我们，那就是对单一生态系统服务价值的评估如何反映人们在生存和发展中与环境的交互，如何去指导人们对生存环境的改造。与人类发生物质能量交换的不是一个生态系统，而是很多生态系统，综合来看，就是所谓的地域综合体——“景观”。因此，有学者提出以景观服务来替代复杂的、多格局的生态系统服务（刘文平，宇振荣，2013；Hermann et al.，2014）。景观服务比生态系统服务更加吸引非生态学者，因为景观与人们的生活环境息息相关，景观服务是景观对人类福祉提供的产品和服务（Hermann et al.，2014）。实际上，景观服务不是一个崭新的概念，而是生态服务的一个综合的方面。学者们近年来广泛关注的所谓城乡梯度下的生态系统服务（Larondelle & Haase，2013）、城市生态系统服务（Wang et al.，2013；Ahern et al.，2014；Krasny et al.，2014；Larondelle et al.，2014）、乡村生态系统服务（Laterra et al.，2013；Ma & Swinton，2011），都可以算作景观服务的范畴。因为这些概念首先涉及多个生态系统，包括水系、城市绿色设施、农田、林地等，其次，这些概念也反映了不同尺度下的空间格局，并且这些概念都是以人类为主导的系统，景观服务关注生态系统和自然地理结构、功能、过程与人类活动相结合。

尽管学者们对城市本身的关注要远远超过乡村本身，但乡村地域被认为是城市景观系统（urban、suburban、peri-urban、rural）中不可或缺的一部分。乡村景观服务，一定不会脱离城市的影响，是在城乡统筹的背景下关注乡村地域综合体的生态系统服务功能。在快速城市化的前提下，中心城市提供的生态系统服务功能薄弱（Boone et al.，2014），我们需要思考，日益消失的乡村景观还要不要去保护，乡村景观的消失是否会减少人类自身潜在的福利，是否增加了维持乡村景观服务的成本，乡村景观生态系统能够在城乡空间格局中起到什么样的作用，哪些因素影响着乡村景观服务功能的变化。在城乡统筹的背景下思考乡村景观存在的价值，这个价值可以从“三生”的角度去思考，即生产、生活、生态三个角度。

（二）生产服务功能

生产服务是乡村景观的直接产出服务，乡村进行农业、林业、牧业生产而使人类获得产品，这些产品本身便具有价值，能够从市场交换中获得相应的利益。生产服务是乡村景观的基本功能和典型符号，因为第一产业是传统乡村的产业构成方式——耕种、畜牧、养殖、采集、砍伐等，乡村的居民和城市人口的祖辈千百年来便如此养家糊口。乡村地区的农田、水塘、林场、温室、饲养场所产出的农林牧副渔业产品不仅满足了乡村居民的需求，更满足了城市居民的生活需求，同时也可作为第一产业或第二产业的原料，重新投入社会大生产体系之中。

乡村的生产服务功能包括乡村农业生产服务、乡村林业生产服务、乡村渔业生产服务、乡村养殖业生产服务等。农业生产广义上可以涵盖除采掘之外所有的第一产业，狭义上仅指种植业。种植业的生产服务，即通过种植粮食和经济作物获得产品。林业生产服务为通过林果业或森林的采集、砍伐及狩猎而获得产品。渔业服务为依靠水产捕捞为主要渠道而获取产品，一般仅仅涵盖发生在自然水域之中的现象。养殖服务指的是通过饲养家禽、牲畜及水产而获得产品。在上述四种生产服务方式之中，一般来讲，农业生产服务在大部分乡村占主要地位，这也是我国“农耕文明”传承的最主要原因。但在部分特殊地理条件之下，其他生产服务功能更加重要。如在我国太湖流域的苏州、湖州等地，水产养殖成为乡村农业生产的重要组成部分，北京平谷的大桃、张家口的杏扁是当地农民的主要经济来源。如邻海邻湖的农民又可以靠捕捞为生，如海南、广西、福建等地，正所谓“靠山吃山，靠水吃水”。然而在各种生产服务之中，种植业最为关键，这并非因为粮食和蔬菜的种植能够获得更好的收益，现实却恰恰相反，粮食和蔬菜获得的收益是最少的。但因为粮食生产关乎着国家安全，蔬菜又涉及居民的菜篮子，因此，过去的政策是在基本农田保护区的范畴内禁止挖塘养殖和发展林果业，政策执行却难以到位。在推出了“永久基本农田保护区”之后，政策执行将变得顺畅。

随着城市化进程的推进，农业用地减少，人口转向非农就业部门，而农产品的价格没有显著增长，乡村景观生产服务的地位在逐渐降低，但依然是构成乡村景观的基本架构。随着商品交换成本的降低，外来农产品充斥着城市商品市场，尤其是城市郊区的乡村地区生产服务产品越来越缺乏竞争力，生产服务功能也面临更大的威胁，因此，距离城市越近，其生产服务功能占比越小；距离城市越远，生产服务功能就越重要。除了食物供给，新千年生态系统评估（Millennium Ecosystem Assessment）曾提出生态系统能够为人类提供绿色能源（MEA，2003）。农牧业生产所得的有机原料可以制成绿色能源，也是乡村景观生产服务的一部分。生产服务能够物化为供人们消费的产品，在商品交换市场中能够体现其价值，这个价值比较直观地通过货币被人所认知，因此乡村景观的生产服务价值可以用产出的商品总额来衡量，基本已成达共识。

（三）生态服务功能

维护城市生态安全是乡村得以存在和受到关注的重要原因。城市作为一种高效率的聚落形态，鉴于生态安全的原因，并不能无休止地膨胀。乡村景观对维护城市生态安全具有重要意义。乡村景观中的绿色空间，是城乡地域系统中的基质，除了具有食物和作物生产功能，还能够保持水土、减少温室气体排放、调节气候、净化空气、维持土壤的质量、保护物种的多样性、使城市与自然基底相连接等。有研究指出，绿色空间能够通过吸收城市空气污染物（Bolund & Hunhammar，1999）。

乡村的生态服务功能为整个城市甚至更大的尺度空间带来益处，但在如今的市场交换中并未体现其价值，受益群体没有为此付出相应代价，具有生态服务功能地域的农民因生态保护与涵养的种种限制而无法随心所欲地进行生产和开发，甚至搬离祖辈们生活的土地，同时没有因保持这些服务而得到任何补偿，从根本上说，这是“发展权”之争，农民在这场竞争中从未占优。也正因为生态价值难以在商品交换中体现，生态服务功能是乡村景观服务中最容易被忽视的一个方面，城市郊区的乡村景观的保存总是在经济社会发展中备受挑战。城市扩张使绿色空间逐步消失，改变了服务于城市的生态系统功能（Larondelle et al.，2014）。如今很多学者用一定的指标去评价和估算乡村景观的生态服务价值（Schwarz，2010；Strohbach et al.，2012），正是让公众认识到乡村景观的重要意义，为城乡景观规划和推行生态补偿政策进行铺垫。在目前的实践之中，生态服务的价值有几种常用计算方法，如支付意愿法、影子工程法、条件选择法等。

（四）生活服务功能

乡村景观以其自然风貌、生产方式、文化传承向城市居民展示出一种有别于他们惯常居住地的独特场景。城市郊区的乡村地区是城市居民休闲游憩的主要场所，为居民提供了丰富多彩的休闲游憩活动。同时，乡村景观为城市居民提供了亲近自然的机会，丰富了公众的环境知识，引发人们对生存环境的思考。这是人们获得的非物质性福利——精神丰富、认知发展、反省思考、休闲游憩和美学经历（MEA，2005）。聚落和农田为人们带来与城市不同的差异化景观，提供采摘、民俗、餐饮、住宿等活动场所。水体景观可为游客带来舒适的身体感受和美学享受，可开展划船、漂流、垂钓（Villamagna et al.，2014）等活动。山林景观是森林康体的场所，人们可以登山、露营、游览，感受森林氧吧的自然清新。过去三十年，我国经历了大规模城市化，乡愁成为一代人的精神寄托，很多城里人选择到乡村养老，回归田园。

乡村景观的美学价值、文化价值和游憩价值可通过旅游费用法衡量与评估。景观服务的功能也被应用于旅游地的旅游潜力评估（Weyland & Laterra，2014）。生活服务功能与人们的日常活动紧密相连，虽不容易被忽视，但也未必能够涵盖生活服务的所有方面。同时生活服务功能的增强，势必影响生产和生态功能的潜力。例如，外来人口增多，造成乡村地区文化流失和建筑杂乱；乡村旅游活动的开展，为游客提供接待服务设施而定会侵占一部分公共服务或居住用地，甚至耕地。当非农收入增加，对农业的重视程度下降，则会带来直接生产服务功能弱化。乡村景观服务价值的评估框架见表 1-1。

表 1–1　乡村景观服务价值的评估框架

大类	子类	含义与测量
生产服务	食物生产	可作为食物来源的产出价值；农田、林地、水域产出的可作为食物的产品的价值
	经济作物生产	具有经济价值的作物产出；苗木、观赏园艺等
	原材料生产	作为生产资料的产出价值；木材、石材产出
	绿色能源生产	绿色能源的产出价值；生物质能、太阳能、风能、重力能产出
生态服务	水土保持	保持水土的价值；保持水土的替代工程成本
	地表水存储	为城市存储水源的价值；存储水源的替代工程成本
	气候调节	为城市调节微气候的价值；调节气候的成本
	物种多样性	保存物种多样性的价值；恢复物种多样性的成本
生活服务	美学价值	传递美学的价值；居民的支付意愿
	文化价值	传承历史文化的价值；居民的支付意愿
	休闲游憩	满足城市居民休闲游憩需求的价值；相关行业收入

（五）乡村景观服务价值的影响因素

乡村景观服务价值评估是乡村景观对人类福利的综合性评估，涵盖了乡村景观的经济价值、社会价值、文化价值和生态价值，理应成为城乡规划中的重要考虑指标。但由于生态系统服务的复杂性，在城乡和景观规划中鲜有应用。乡村景观服务功能由多种要素构成，各要素之间互相影响，各要素本身的功能发挥也受多种因素影响，因此乡村景观功能的影响过程和机制是十分复杂的。有些生态系统功能之间是冲突的，如加大森林采伐力度能够提高林业价值，却减少了固氮功能，也增大了地质风险（张宏锋等，2007）。马和斯温顿（Ma & Swinton，2011）通过对美国密歇根州四个地块的研究发现，乡村景观服务与河湖、湿地、森林和自然保护地的规模、位置相关。土地利用、空间特征和规划历史影响了景观服务的模式和功能（Larondelle et al.,2014）。综合来看,景观服务的价值与自然环境本底、土地利用方式、社会需求的特征、乡村与城市的关系及社会经济与发展战略等方面相关，其中自然环境本底是自然因素，而其他四个方面为社会经济因素，自然因素是主要的、决定性的，而社会经济因素会随着社会经济的变迁使景观服务的价值和视角发生变化。

1. 自然环境本底

森林、草原、水域、荒漠等自然环境要素，是构成景观的宏观背景。我们所看到的景观，是人类在自然环境本来面貌的基础上改造而来的，而无论人类的力量有多大，自然环境本底都是影响景观特征和演变的最主要因素。正如科斯坦扎（Costanza et al.，1997）在《自然》（*Nature*）撰文所表达的，地球上 63% 的自然服务价值来自海洋系统，约 37% 的价值来自陆地，在陆地系统中，森林和湿地又占了绝大部分。而陆地系统中的沙漠、冻土、冰川、岩石被人类利用的价值却微乎其微。因此人类所能改造和利用的自然资源在一定生产力水平下是一定的。人类的文明起源于河流，同样，中国传统乡村聚落依山傍水的选址哲学，正蕴含了我国先民对靠近清洁水源、灌溉良田、获取食物、拥有宜居环境的美好向往。自然环境的本来面貌决定了景观服务的基本价值，而人们在此基础上进行的开发利用，是对景观系统的干扰、调整或优化，并不能撼动景观服务的基础。即使人们所向往的江南水乡，也不能将白墙黛瓦的建筑符号简单地搬迁到西北干旱地区，因此这种建筑风格适合于炎热多雨的居住环境，而在干旱多风少雨气象对流剧烈的条件下，会增加风化的速度，不能抵抗严寒，也不能同自然环境的视觉景观相适应，并不实用。人类所能进行的一切活动均是基于自然条件的状况而开展的，脱离自然环境本底的景观服务是不现实的。

2. 土地利用方式

土地利用方式即人类对土地的使用方式，即利用土地进行耕作、放牧还是建设。在自然环境相对稳定的前提下，土地利用方式的变化，极大地改变了全球生态系统服务的价值（Costanza et al.，2014）。土地利用方式是乡村景观最直接的描述方法，土地利用和土地覆盖，影响着乡村景观服务的潜能。土地利用方式发生改变，会使乡村景观功能发生改变。乡村土地利用方式的改变，例如从自然状态的草地变化为农田，吸收了更多的太阳光和能量，最终提升了农业产量，从而获得了更多的经济收入，但是生物多样性的降低和其他生态系统服务过程的损害会对农业可持续发展和其他方面的生态系统服务功能带来负面影响，如图 1-1 所示。因此，生产服务和其他服务价值之间的消长关系，成为生态系统服务研究的热点。城市郊区耕地的减少是生态系统服务价值降低的主要原因（Li et al.，2014）。我国研究者还发现，在西北退耕还草区域，虽然在农业生产服务上有所减少，但生态系统的服务和价值发生了巨大改变（Jia et al.，2014），这种变化是积极的，研究结果支持了我国的退耕还林和还草政策。在不同的生产力水平下，土地利用方式的主要矛盾也是不同的。华北地区一直是小麦的主产区，是我国的粮库，但由于人口稠密，工农用水量巨大，地下水形成了巨大的漏斗，严重地威胁着整个华北地区的生态安全。目前政策则偏向于禁止农业使用地下水灌溉，若造成减产，则由政府以货币形式进行补贴。

3. 社会需求的特征

乡村景观服务代表了乡村地域对人类的福利，那么人类需求则反映了人类对外界环境索取的方面，其特征与规模对景观服务有十分重要的意义。生态系统服务是环境管理的重要手段，而环境管理中，人类的价值取向处于核心地位（Gregory et al.，2006），生态系统服务离不开人类对生态系统的判断和选择（Kumar M & Kumar P，2008），如旅游者的偏好和价值观决定了景观游憩的潜力。而科斯坦扎（Karrasch et al.，2014）研究得出土地利用规划是由社会需求决定的，土地利用规划的最终状态会影响生态系统服务的结果。维拉马格纳（Villamagna et al.，2014）通过垂钓研究生态系统的文化服务时强调，虽然需求并没有影响文化服务现状的能力，但从长久来看，如果需求长期超过服务能力，则会影响生态系统服务的可持续性。他们发现，需求由垂钓者的空间密度、性别、社会经济地位和空间选择（离家 16 km 以内）决定，进一步影响着文化服务的功能（见图 1-1）。

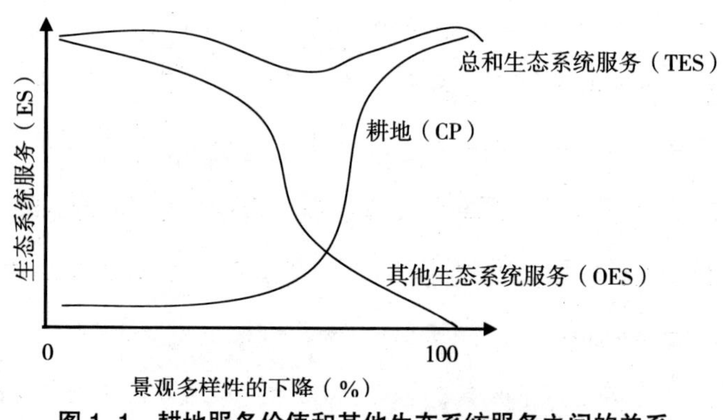

图 1–1　耕地服务价值和其他生态系统服务之间的关系

4. 乡村与城市的关系

乡村景观服务的价值并非局限于乡村尺度，其生态功能作用的范围涵盖了乡村所围绕的中心城市。对于城市郊区的乡村地区，景观服务的价值也受制于城市与其的空间关系。拉隆代尔和哈塞（Larondelle & Hasse，2013）研究欧洲四个城市的乡村景区对中心城市的生态系统服务时发现，随着与城市中心的距离越来越远，对中心城市的温度调节能力越来越大，碳存储能力也越来越强，表面辐射系数逐渐降低。城市的近郊区，由于居民到访率较高，生活服务的功能比生产和生态服务更为明显。在城市的远郊区，居民到访率很低，生产服务和生态服务则更为显著。在城市的周边，由于城市人口稠密，对乡村的生态服务及生活服务需求大，那么比起远郊区，近郊区的生产服务则面临威胁，但同时，生产的农业产品则更容易销售和获取更高的报酬，城市人口的外溢，使近郊区的农舍容易获取更高的租金，乡村性则遭受巨大挑战。

5. 社会经济与发展战略

社会经济条件反映了人类利用和改造自然的能力，这种能力的大小影响了乡村景观服务功能的发挥。景观服务价值的大小，一定程度上取决于景观被人所利用的程度。正如同样两座古村落，其景观类型相似，但其社会经济发展水平和基础设施条件决定了两座古村落的文化服务功能。社会发展战略对景观服务的影响也是巨大的，尤其对于人类主导的区域，根据巴拉尔（Baral et al.，2014）研究，在五种土地利用规划场景下，景观服务价值是不同的，人们应该正视规划中的生态环境价值。过去城市无序蔓延的局面，造成了乡村景观服务功能急剧下降，如今我国实行的耕地红线政策和生态补偿政策转变了以往注重直接经济效益的发展模式。耕地的生态效益逐步受到重视，城乡发展中改变了依靠城市蔓延的发展模式，注重乡村本身的发展，以形成和谐的城乡关系。

如今关注乡村景观价值的热潮，反映了人类对过去发展模式的反思。在之前的城乡交流模式之下，乡村功能被削弱甚至消失了，而大量乡村景观的消失和城市景观的蔓延，给人类带来焦虑感。为什么乡村景观政府重视、政策引导、居民认知、学术讨论，然而消失的进程还在继续甚至加剧呢？乡村景观目前面临着哪些威胁？这些困惑将是本书进一步探讨的问题。

第二章　遗失的美好：乡村景观的困境与矛盾

随着我国城镇人口超过农村人口，空间比例占绝大多数的农村地区风貌面临新的挑战。乡村景观，是乡村风貌的综合体现，是在乡村地域中人与自然相互交融的集中反映。乡村景观在城镇化背景下发生巨大改变，不仅在规模上逐渐收敛，而且也渐渐失去地域特色，有着“千村一面”的隐忧。乡村景观，记录着乡村的历史进程、耕作习惯和文化传统，寄托着脱离了农业劳动的人们心里浓浓的乡愁，也是人类共有的精神家园和时代记忆。人类在田园中积累了丰富的生活体验，我国古代文学中的重要流派“山水田园文学”中记录的“绿树、青山、村舍、场圃、桑麻、菊园、曲水”，为我们描绘出一处处特征鲜明、各具风格、清新空幽的田园景观，直至现在，其中蕴含的处世态度、自然哲学和生活方式依旧散发着无穷魅力，其代表的精神力量成为中华文化恰当的诠释。在荷兰，描绘田园景观的文艺复兴绘画作品凸显了过去的乡村文化特质，甚至有人呼吁将这种在历史长河中自然形成的文化特质加入如今被保护的乡村景观之中，让乡村变得更能体现自己的历史传统（Bos，2015）。1992 年，农业景观更是作为文化景观的一个类型被列入《保护世界自然和文化遗产公约》，从另一个侧面反映乡村景观的价值。笔者已经花了很大的笔墨去探讨乡村景观以及其价值，而它如今又怎样了呢？

一、乡村景观：曾被遗失的美好

随着20世纪初期世界范围内城镇化浪潮不可阻挡地演进，越来越多的人离开直接供养自己的土地。城市文明成为时尚，乡村则成了暗淡无光之地。城市不断扩张，打破了城乡平衡（Cadieux et al.，2013）。建成区仿佛怪兽一样吞噬着一片片的土地，近百年来的城市蔓延是迄今为止最显著的土地利用改变（Larondelle & Haase，2013）。田园生活对越来越多的人来说已成往事。在轰轰烈烈的城镇化过程中，越来越多的环境问题困扰着人们：交通拥堵、空气和水体污染、资源枯竭、耕地不足、缺乏开放空间，极大地威胁着人类身心健康（Kim et al.，2010）。生物多样性减少，自然文化遗产消失和社会福利减少令人忧心忡忡（Primdahl et al.，2013）。文化传统随之流逝，且无法再寻回（Bos，2015）。

乡村，曾被现代文明遗弃，却又被证明能够缓解人们面临的身心压力（Kim et al.，2010），是逃离城市生活的避难所（Daugstad，2008）。乡村作为一种有别于城市景观的空间地域综合体，在城乡关系中起着重要作用，兼具经济价值、社会价值、生态价值和美学价值（谢花林等，2003），维系着城市系统的生态平衡，为城市居民提供农林牧副渔业产品，提供良好的人居环境，满足了城市居民的休闲需求，传承了千百年流传下来的农业文明。曾有研究显示，防风林、牧草带和小池塘等乡村要素的存在使景观为人类所用的价值大幅度提高（Kedziora，2010）。农业活动使土地具有了多种功能（居住、休闲、造林等），乡村地区有了越来越多的城市移民，部分地区出现了“乡村复兴”的现象（Paquette & Domon，2001）。城市居民对“自然友好型的”居住环境的偏好（Kim et al.，2010），使得乡村与田园是如此打动人心，它在人们脑海中有着生态、美景和自然遗产的特质（Nielsen & Johansen，2013）。如今重构城乡交融的美好景象成为新的区域发展目标（Cadieux et al.，2013）。

一方面，乡村景观在消逝；另一方面，乡村景观的利用出现了很多的新趋势。从历史观和社会观的角度看，乡村（田园）景观是一个历史产品，在自然景观的背后，包含遗存的景观格局和人文历史，千百年来人们通过对乡村自然景观的改造，创造了多样的文化遗存（Agnoletti，2014）。乡村景观体现了国家的、区域的和地方的认同感（Paland et al.，2005）。乡村景观包括其自身的自然环境、社会经济、政治文化特性，还包括乡村人的日常生活（Zhou，2014）。

去审视乡村景观的类型结构，豪利把乡村景观划分为成片农田（Intensive farming landscape）、混合农田（mixed faiming landscape）、文化景观（cultural heritage）、自然荒野（wild nature areas）和水体景观（landscapes with water）（Howley，2011）。Bell 提出了乡村的三个景观类型：农业、纯自然和体育探险设施，其中农业景观着重表达具有视觉标志的传统的农业景观（Plieninger et al.，2006）。这种乡村景观是自然环境和社会环境的融合，是对乡村生活、乡村社会和环境的积极想象：童年的生活、浪漫的情调、怀旧的思绪（Plieninger et al.，2006）。根据农耕文化的分类，田园风光可以分为四种类型：平原农耕型、草原畜牧型、山林采猎型、江湖渔业型（王亚新，2005）。

解构乡村景观，聚落、建筑、开敞空间和边界等文景观是乡村景观的典型符号（Torreggiani et al.，2014）。乡村的审美空间的原初形体包括山脉、河流、农田、林地、历史建筑、林中小路、古迹、遗址等，从形态、机理、环境目标和文化哲理等方面有不同的审美角度（姚亦锋，2014）。徐姗等剖析了 26 首具有代表性的田园诗，总结出乡村 13 个“呈现型”景观风貌特征，诗词中表述的乡土景观主要体现在地形、水系、植物、农田、动物、建筑、劳作、生活八个方面（徐姗 等，2013）。

不少学者在认识乡村景观时另辟蹊径，如将其划分为永久的景观和临时的景观（Cloquell-Ballester et al.，2012），以分别进行特征研究。同时，乡村景观不仅可以看，还可以倾听、闻、品尝和碰触（Daugstad，2008）：纯自然可以去看，田园去感受，设施去使用（Plieninger et al.，2006）。

二、乡村景观地域风格：编织美丽乡愁和幸福生活的印记

霍顿（Horton，2008）在研究中描绘了一幅典型的英国乡村田园风光图景：微风吹拂的乡间小路、爬满常春藤的石屋、绿色的篱笆、石头砌的墙、石桥下的缓缓溪流、乡间小屋前四处游荡的牲畜，远处起伏的山丘，似马赛克镶嵌的田块以及山脉的环抱。这幅乡村画卷透露出浓浓的“英伦风情”。同样在荷兰，田园也有其独特的风格烙印，风车、郁金香花田和大片连栋温室令人在众多的形象中一眼辨识出它。

在我国，一些元素和符号凝聚了城市人的浓浓乡愁，是居住在城市的人们心中的精神家园，虽然人们心中未必有着完整的田园形象，但一些景观仍会令人印象深刻。这些乡村景观，至今依旧是很多农村人生活的日常场景，但与过去相比，已经有了更完善的基础设施，虽然传统生活方式渐渐被现代生活所取代，但旅游休闲、都市农业等现代乡村产业令如今的田园成为当地人走向富裕之路的依托。

大片的油菜花田，白墙黛瓦的民居，村落的格局遵循着传统风水和山越图腾的原则，这是一派徽乡风情；烟雨蒙蒙、稻田斑斓、水塘遍布、小桥流水人家，乌篷船的吟唱中透露出江南水乡的特色；峰林和坡立谷、马赛克镶嵌的田块，少数民族风情，传统的耕作习惯、动听的民谣、靓丽的民族服饰是云贵高原上的田园；梁原峁上，金黄的玉米，遍地的红高粱，白色的手巾、红色的腰带是黄土高原上的田园；古朴的青砖、蜿蜒的长城、高悬的红灯笼、典雅的四合院，典型的京味乡村；棕榈树、芭蕉叶、橘子红艳、甘蔗田连绵、四季瓜果飘香、青砖小楼鳞次栉比，这是岭南的乡村。

我国乡村景观有着浓郁的地域风格，是区域特征的集中表现。乡村景观的地域风格，是其表现出来的典型个性，不仅表现在建筑形制、地貌特征、自然生态、耕种作物与方式、人文风情方面，更在各个要素之间的组合格局之中得到体现。通常意义上，乡村景观的地域风格，其一，是以物质构成为主体，以非物质传统为辅助，例如，江南水乡的桑基鱼塘具有物质实体，是江南地域风格的典型要素，而其背后人与自然相互作用产生的独特生产生活方式也是支持地域风格的重要因素；其二，是以视觉要素为主体，以其他感官要素为辅助，不少乡村景观在人们脑海中呈现为一幅典型的画面，而听觉、嗅觉、味觉也是构成完整乡村景观风格不可或缺的元素；其三，是以典型地域符号为主体，以综合要素格局为辅助，几乎所有的典型乡村景观总有一个或几个表征地域风格的符号，这些符号并非为它所独有，然而这些符号的组合却是独一无二的。

我们的先人通过数千年的传承造就了这些具有鲜明地域风格的乡村，然而现代文明却以最快的速度使它们同化、改变甚至消失。传统的江南水乡，如今除了人潮涌动的水乡景区，仅有最偏远的乡村保留着部分水乡风情，而水系也已经失去了当年的价值，村落中零散地居住着老人、妇女和儿童。一种样式简单且造价低廉的多层小楼却以最快的速度席卷了如今的江南，利用新式的建筑材料，单一的共享图纸，已经占据了乡村建筑的多数。不仅在江南，在华北、在闽南、在岭南，这种简单实用却毫无地域特色的建筑不断蔓延。

因此，乡村景观如今所面临的最大挑战，不是被城市景观挤压与胁迫，而是乡村地区的风貌已经发生了根本改变，这种改变不是基于人们对自然经济社会的适应和改良，而是在机械化大生产和物质资料丰富的前提下，城市对乡村文化的同化，并由此带来的乡村审美取向的歪曲和乡村地域风格的消失。那么，表象背后的驱动力是值得警惕的。

三、乡村景观地域风格：致力保护却依旧面临挑战

在我国，各级政府对乡村的政策和资金支持从未间断。首先，“三农问题”一直受到中央政府的极大关注，从新农村建设到新型城镇化推进，令我国的乡村基础设施条件大为改善。其次，自上而下的农村经济帮扶，也在从各种角度扶持农业经济，为乡村注入持续活力。各部委的历史文化名村、中国最美休闲乡村、大美田园、特色小镇、田园综合体等战略和思潮不断推出，令人感受到政府对乡村的重视，也发掘了一批具有鲜明个性的乡村景观，鼓励地方去保护地域特色的农业文化景观。最后，地方政府针对乡村变化发展规律，制定了一些切合自身需求的有关乡村景观的政策、标准和规范，例如北京曾在2009年提出8种乡村旅游业态标准，从房屋建设、室内装修和服务方面进行规定，标准中反复提到了“地方特色”。

“一号文件”代表着国家对农业农村农民的重视，也成为指代农村问题的专有名词。迄今为止，我国先后发布了21个“一号文件”，代表着随着时代变迁政府乡村政策的转变。在其中对“农业生态”的关注，则体现了时代的生态意识和思想。1982年首提“农业资源调查”；1985年提出“退耕还林还牧”，体现了对乡村生态环境的初步关注；2004—2006年，倡导“生态建设”和“新农村”；2007年，开始贯彻可持续发展理念；2014年，主题为“农村改革”，提出农业和农村的可持续发展理念；2015年，主题为“改革创新”，曾在现代农业一节中提出“加强农业生态治理”；2016年，主题为“全面实现小康”，指出农业资源保护利用、农业生态保护和修复等绿色发展问题；2017年，主题是“供给侧改革”，在景观方面着重指出了“农业环境的治理及重大生态工程的建设”；2018年，主题是“乡村振兴”，贯彻和践行了“生态理念”，绿水青山就是金山银山，统筹山水林田湖草系统治理，严守生态保护红线，以绿色发展引领乡村振兴，把农村的生态问题提到前所未有的高度。通过梳理过去“一号文件”对乡村景观的

政策脉络，可以看出政策对乡村景观的认识日益深刻且保护力度越来越大。

政府致力于保护乡村的生态环境，其中乡村景观是重要的方面之一，尤其是保护乡村景观的乡村性和地方性，结果却令人不得不深思，为何政府重视、学者支持，而传统乡村景观的消失却一刻也没有停止呢？

（一）乡村景观所依赖的农业生产实践随着农村衰落而受到威胁

乡村问题在世界范围广泛存在。在瑞典，人口减少、人口流失和老龄化是困扰农村地区的三大问题（Nilsson & Lundgren，2015）。日本和韩国同样面临这些问题，不断出台各类保护农村和农业的政策，如韩国的“新村计划”和日本的农业基本法及农业支持体系。

在我国，区域不均衡发展、乡村贫困、乡村土地利用问题（如空心村）、环境问题让农村的发展受全国瞩目（Long et al.，2010）。从统计数据来看，农村、农业和农民表现出明显的变化趋势，即农村消失、农业衰落和人口流失。第一，农村人口绝对数量下降。农村人口在中华人民共和国成立后逐渐增加，直至 1995 年达到顶峰 8.59 亿人，之后二十余年逐年下降，该趋势至今从未改变，如今已经不足 6 亿人。第二，在中华人民共和国成立后经历了人口绝对数的快速增长后，农村人口比例便显示出逐年下降的走向，该趋势也从未改变，从 1949 年的 89.36%，到 2010 年的 50.05%，直至 2016 年的 42.65%。20 世纪 50 年代，我国农村人口占 80% 以上，而如今占比不到 50%。第三，农业所容纳的就业人口并没有显著的变化，从中华人民共和国成立之初至 1991 年达到顶峰 3.91 亿人，而后转为下降，至 2016 年下降了近一半，目前保持稳中有降的态势。第四，第一产业所占比重从 1949 年的近 90%，下降到目前不足 30%，下降的趋势从未有过改变。第五，行政村的数量减少，村落逐渐消失，与农村相关的乡和行政村建制逐渐减少。2016 年年底乡建制仅余 10972 个，著名作家冯骥才提出，过去十余年间，90余万个村落消失在历史进程之中。曾有一位区域经济学者发出这样的感叹，自己儿时的村庄，山明水丽，鸟语花香，但除了这些却什么也没有，人们背井离乡，这个小小的自然村逐渐被迁并，如今仅存一个微信群，他们在微信群里有时会发一些小时候的回忆和历史照片，乡村记忆将中断于这一代人，村名除了存在于微信群里，也终将湮灭在历史的长河中。图 2-1 所示为件北平原上一个普通自然村的断壁残垣。

(a) (b) (c)

图 2–1 华北平原上一个普通自然村的断壁残垣

注：笔者摄于 2018 年 4 月。

城市化和工业化是现代化进程中的两大趋势，这使得农业生产实践开展的空间和机会大大减少。其一，城市通过景观的蔓延蚕食乡村的空间。

在农村人口减少过程中，城市人口大量增加，城市蔓延使城市和工业区边缘的乡村景观不断消退，村庄、农田、荒地被城市和工厂所替代。其二，城市通过巨大的吸引力使农村人口流失，即使远离城市的农村地区，也会由于青壮年劳动力进城务工，导致农村人口流失、老龄化严重、土地撂荒、小农经济破产、耕作方式变化、传统农事活动失传、村落破败，失去了传统农业生产的场景，乡村景观也随之空洞化。其三，现代的生产生活方式和科技水平改变农村的生产生活方式。农业机械令农村的生产方式发生了转变，原有的生产方式已经不再保留，而存储农具的空间有了更多的要求，农民的劳作规律发生了变化。新的建筑形制也影响了农村的住宅。新的社会潮流如小家庭和少子化使传统的乡村文化出现了巨大的变革。农村如今的物质空间及文化空间已经发生了巨大的改变，令人们不得不重新思考乡村存在的方式和意义（见图 2-2）。

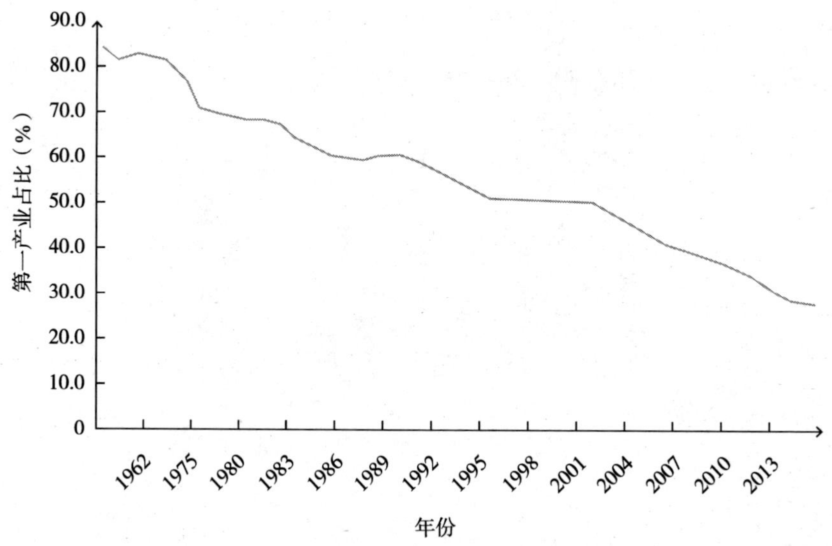

图 2-2　中华人民共和国成立以来第一产业占比趋势

注：原数据来自《中国统计年鉴 2017》。

当农民不再苦守土地，当土地不再能供养如此多的人口，当小农经济已经被逐渐打破，乡村的变革已然发生。虽然有很多研究者和政策制定者在惋惜和试图扭转这个趋势，但人们应该清醒并能够理解，如果一个事物已经不能适应新的生产生活方式，那么它的消失与淘汰将势不可当，任何的政策与办法只能延缓这个趋势，直到达成一个新的平衡，即乡村的物质条件与组织方式与产业内涵相匹配，但达到这个平衡之时，多少乡村已经消逝，多少农业文化已经流失，又有多少农民已经转变成了市民，甚至这个过程将持续影响几代人。如今我们看到广大的农村渐渐失去了原本的农业生产活动场景，有的只是老人、留守儿童、废弃的村舍，以及随处可见断壁残垣，目前这个趋势仍将持续下去。

（二）乡村景观逐渐成为政策制定者和规划设计者展示的舞台

振兴农村的各项政策（如旧村改造、新农村建设、田园综合体、美丽乡村）推进中，村舍拆迁，取而代之的是标准化的多层建筑或外观相似的“洋房”，这种被城市景观替代的问题却令有些农民神往，他们渴求着自己的村落被拆迁，以获得拆迁款与安置房，因为在有些人心里，城市景观是好的，多层住宅是先进的，子孙可以通过拥有这种住房而在婚恋市场上更有竞争力，而他们无法意识到失去原有家园甚至耕地意味着什么。一些村子由于具有景观和文化价值，被设定为“历史文化名村”“保留村”“示范村”等，政策不允许拆除，要保留下来。村落的选择是基于地方领导及专家的观点，他们从宏观及文化的视角作出判断，但村民一般从个人的经济利益出发，这是矛盾的关键。村民并不乐意保留，他们对已经拆迁获取拆迁款的村民无比羡慕，村民的教育背景和认知使他们无法理解获取一个长久乡村居住地的重要意义，当然这个重要意义至少要在村民经济状况达到一定水平的时候才能够显现。在河北的崇礼，由于冬奥会的建设，一些村子拆迁了。作为冬奥赛场的太子城村，一个农民人均年收入不足 8000 元的地方，平均每户农民获得了 300 万的拆迁安置款及房屋补偿。太子城村由于地势偏远，村民过去穷得娶不上媳妇，拆迁之后却成了富裕之地。同样位于附近的转枝莲村及黄土咀村，虽然距离奥运赛场很近，但并没有受到影响，被评定为“美丽乡村”示范，这就意味着村落要保留，并且近期不会被开发商所看中，村民们的眼中却充满了失落，他们不会因为环境改善和引入的乡村旅游经济感到开心。村民心中有一笔账，即使他们从事乡村旅游业，辛辛苦苦，一年收入不过十万，还面临着竞争者的威胁；而如果拆迁，一下拿到的现金少说也能够达到十年的经营收入，仅仅是利息已经能够维持一家人的日常生活。当政策的制定者向村民们解释文化、旅游、传承等名词时，村民的心中可能更多地想到眼前的利益。

经历了快速城市化过程之后，“千城一面”的宿命又降临到农村，广泛存在着与造城模式相似的观念。我们看到为了改善乡村的物质经济条件，通过“规划设计”“造景”等手段创造出的田园，是以规划者和设计师的眼光进行审美，充满着外来的基因，在乡村发展的一定阶段起着丰富物质资料的作用，乡村却失去了本来的面貌。有一些乡村的改造，改善了乡村的环境，提高了农民的居住条件，是成功的改造；而比较普遍存在的问题是，在设计中没有考虑地脉文脉，甚至农民的生产活动也没有得到重视。之所以形成这样的村落，是先辈们长久生活和生产体验而形成的实践经验。规划者和设计师不仅与村民的视角不同，他们对乡村的认识和体验也是不足的，这就造成了一个很大的问题，在没有自身生活体验的前提下做设计，能否适应乡村的独特系统？例如在乡村改造的早期，建设了很多外观类似、布局规整的“小别墅”，被当成乡村改造的样本而宣传。实际上，在居住体验中，村民发现，他们总是走错房子。城市夜间的灯光系统和地名标志系统是完备的，城市家家户户大门紧闭从而不会发生什么问题，但同样的模式搬到农村，农村夜晚的照明系统没有建设，面对相似的房屋，规整的格局，找到自己的家是有难度的。设计师没有乡村的生活体验，设计的房屋没有放置农业机械、器具的场所，没有小规模养殖的空间。公共活动的空间不是以生产和文化景观为中心，而以简单的广场、草坪等城市审美所替代。这些问题广泛存在于由外来设计师主导的乡村改造之中（见图 2-3~图 2-6）。

(a)

(b)

图 2-3　崇礼发展最早的民宿村黄土嘴正在进行美丽乡村改造

注：笔者摄于 2017 年 12 月。

图 2-4　被奥运场馆占地而被拆迁的太子城村统一搬迁至县城的安置房小区

注：笔者摄于 2017 年 11 月。

(a) (b)

图 2-5　四川德阳宏达新村

注：笔者摄于 2007 年 11 月。

图 2-6　浙江湖州戴北新村

注：笔者摄于 2016 年 4 月。

而为了保留住乡村景观，更极端的做法是：在一些颇有历史价值的地区，修建仿古建筑来恢复村落的面貌，或者把村民整体迁走，使这些村落变成了一座失去“灵魂”的空壳。乡村地区的改造绕不开村民，改造方为了统一实施自己的思路，而把村民外迁，当然能够更快更好地实现自己的改造目标和经营利益，但乡村已经成了失去生活场景的假的景观。为了振兴商业或旅游经济，村舍被包装为民宿、酒吧、餐馆，而经营者却变成了外乡人，留不下丝毫的历史记忆。在社区旅游研究中的前台后台理论（Zhou，2014）指出，游客所能看到的“前台”是政策制定者和规划设计者展示的“舞台”，那里不再有真正的村民，更没有曾经属于这里的田园生活，只是一种“建造”出来的幻境罢了，而游客想要了解真正的“田园生活”，必须进入还有本地基因的“后台”。那么，在如此开发模式之下，乡村的传统生活场景充满着“商业”和“铜臭”，人们却已经看不到最本真的乡村生活。保护开发过程中，过一分则“商业化”，少一分则资金投入巨大乡村却罕有造血能力，这个矛盾成为乡村景观保护中最大的问题。利用好、经营好、保护好，对微妙的乡村系统来说，是十分困难的。

（三）利益群体之间进行着审美和景观决策的博弈，会将乡村景观带向何方

社区、政府、工业、商业、当地居民对景观提出不同的需求，又影响着景观的发展变化，但谁能决定景观的变迁（Paland et al.，2005）？管理者、游客和农民，是乡村景观形成过程中互相博弈的角色，每一方都在景观变化中秉持着独特的观念。乡村的重建源于本地化的觉醒（Daugstad，2008）。既然田园的主人也在不断变迁，利益相关者在田园中所期冀的有所不同，那么，各方的需求又有什么特点呢？国外关于这一点的研究是十分细致和深入的，这些利益相关者有土著民、外来居住者、管理者和设计师等。管理者和公众以及农民和旅游者之间的认知有何不同呢？

第一个冲突，管理者与本地的社会公众的看法是不同的。豪利（Howley，

2011）发现政策制定者总是从专业角度去评估景观价值，管理者则从整体格局、要素安排上进行技术角度的考虑，而社会大众的感知却往往是相反的。景观的管理者与设计师，他们拥有比社会公众更高的学历和更宏观的视角，在他们的脑海中，存在着一套政策法规与技术规范，他们给出的景观改造方案一定具有整体性、体现着乡村景观的几个功能区划、符合政策法规和技术规范，并且透露出他们的审美和生活理念。而社会公众着眼的是自己周围的景观和周遭的环境，他们的根本出发点是利益，且具有管理者和设计师所没有的生活体验。村民们也许能够看到问题，却不知症结之所在，而管理者公信力的下降，却令村民怀疑和不信任。

第二个冲突，景观的使用者（土著民）和景观的旁观者（旅游者）的看法也是不同的。例如农民对未经改造的自然荒野总是持有负面态度，而偏好屋舍、食物等（Swanwich，2009），农民想办法扩大和更新自己的生产和生活领地，以获得更好的生活，但这种影响并不一定是美观、整洁的。近年来，不少地区乡村旅游成为乡村社区的主要经济来源，游客的视角又在乡村景观变化中起到了微妙的作用。当地居民“在”乡村景观之中，这种视角是经济性和功利性的；而外来的游客以一种外部的视角审视乡村景观，充满着浪漫和怀旧的情感（Daugstad，2008）。因此，居民需要不停地从乡村田园之中获得利益，并延续生活，例如生产和居住，对自然环境和文化传统本身并不看重，甚至主动向往并去引入现代的生产生活方式。游客更看重的是乡村景观中的自然环境，以及异于惯常生活的文化场景，因此游客会惋惜传统村落中的现代元素，或者以自己的需求来苛求乡村的景观元素。

第三个冲突，乡村的人口虽在流失，但也不断涌入新移民，他们对乡村景观的看法又有新的视角。逆城市化、中产阶级发展以及对乡村生活方式的追求，给乡村世界的发展带来机会（Paniagua，2014）。在大城市和景区周边，以及一些具有度假性质的乡村地区，广泛分布着城市居民的第二居所（second home），例如北京密云、怀柔、延庆农家院租给城市休闲及养老者,租金甚至赶超城区。芬兰有7.23万的乡村第二居所住宅（Howley，2011），斯洛伐克的历史乡村也广泛分布有第二居所（Clarke et al.，2011）。与管理者、设计师和游客所不同的是，新移民也“在”景观之中，只是他们的需求与土著民有所不同，村民要在乡村地域获得经济收益，而新移民则并不依赖于乡村的经济活动。目视分析法发现，城市到乡村的移民（urban-to-rural migration）寻求安静的居所，他们倾向于贴近树林（自然清新的环境）、鸟瞰的视角（更好的风景）（Paquette & Domon，2001）。苏格兰政府致力于为乡村地区吸引新移民，他们努力让新移民感到贴近自然、风景秀丽并拥有自然遗产（Nielsen & Johansen，2013）。根据对英国一个村庄的调查，从城市迁来的乡村新居民，他们总是谈到这里的动物（鸟、鱼、牲畜）、绿色空间、园子里的作物、安静的环境，他们以一种静坐或者驾车的视角去欣赏田园风光（Phillips,2014）。这些乡村景观的“新移民”把现代生活方式融入了传统乡村，以城市生活的视角去审视乡村生活，能够部分解决目前乡村的现实问题，如村舍的利用、人口的流失、本地需求减少等。但他们与原住民对乡村的期待却有所冲突，原住民总是试图过上城里人的便利生活，而乡村新居民们却恰恰相反，把乡村当成避世佳所。

三个冲突已经成为很多试图转型提升的乡村地区景观演变的重要作用力，那么谁才应该在这个变化中拥有优先权呢？现实中，管理者和设计师拥有最高的优先级，因为他们拥有改造和开发的话语权。其次是村民，因为政策制定和规划设计均强调社区参与，村民能够在参与决策中表达自己的观点。而游客和新移民受市场规律影响，他们可以“用脚投票”对乡村进行选择，从而通过市场机制来反馈给管理者和设计师。但目前的作用方式并不是没有问题的，因为本地居民的需求没有被充分尊重，参与的方式和程度也受到限制。为了乡村景观的可持续发展，应该更尊重本地居民对环境的感受，因为乡村是本地居民生产生活制造的“产品”，他们从一出生就与这片土地牢牢地捆绑在一起了（Volker，1997），对其他利益相关者，乡村只是生活和工作的一个片段和旅程；本地居民却不能轻易地从乡村景观中抽身和离去。如果乡村景观的改造和变化不能令本地居民安静生活并便利地开展生产，那么他们的生计将受到影响，对这部分人群将产生深远和长期的作用，并最终导致景观的变化和文化的流逝。

（四）乡村景观变化与发展的新趋势与延续几十年的乡村空间管理如何适应

当乡村传统农业经济难以为继，乡村势必需要找到新的经济模式以维持其自身的活力。乡村的新产业应是有别于城市的优势产业，这个优势产业不会是工业，也不会是科技服务、金融服务等，乡村的优势产业一定是基于其自身环境和空间的生活服务。乡村基础设施相对落后，缺乏现代服务业所需的人力资源，公共服务设施基本是空白。盘点乡村的优势，那么自然环境优势、土地空间优势容易被提及。这两种“比较优势”能够引入的是旅游、休闲和养老，发展这类的“软性”产业，能够充分利用乡村的优势，但问题也十分突出。

在我国乡村的建筑空间依托于宅基地而生，若没有宅基地，所谓的乡村休闲旅游便不复存在。例如，因乡村的环境优美而建设一个酒店，若不利用传统的宅基地及村舍，乡村没有得到更新，通过征地、招拍挂获取土地之后，这个建设在乡村环境里的酒店便与乡村没有任何的关联。若利用宅基地，那么麻烦就更大了，在丽江租赁民宅开客栈的老板们已经吸取了教训。在宅基地管理体系中，本地农村户口有着极高的优先权，村民们通过集体土地的“分配”拥有宅基地，这个权利是与生俱来的，但享有权利的同时，宅基地不能出售给没有户口的外来人，所以村民“拥有”空间和建筑。休闲旅游产业的经营者只能“租赁”，虽然经营者可以装修和改造，但具有极高风险。按照我国《物权法》的规定，租赁合同不能超过 20 年，这对长期稳定的投入不利。经营者们还面临着更大的问题，2018 年洱海边 15 米缓冲区内的建筑将遭到拆除，而这些建筑多为客栈，客栈均是租赁当地村舍，经营者们投入了几百万的装修款，但拆除的补偿均是给村民的，经营者不但得不到对等的补偿，甚至仅有的一点补偿也与他们没有关系（见图 2-7）。

图 2–7　浙江湖州义皋村的江南水乡

注：曾被考虑发展养老，但消防不过关，也并非专门的老年建筑。笔者自摄于 2016 年 4 月。

乡村的景观改造也受到诸多限制，投资者没有办法对建筑和空间进行过多改造。虽然这个规定保证了乡村可以保持着原始的风貌，但对于真正想把新产业做强做好的人来说，是一个巨大的限制。无论是休闲旅游还是养老，均是竞争性行业，意味着必须时刻保持产品的创新才能够具有竞争力。那么民宿是否具有竞争力呢？适应生活的村舍是无法与五星级酒店相竞争的，这是越来越多的民宿和客栈陷入困境的原因，设施条件难以更新，空间得不到有效的划分和管理，而大的改造是不被允许的。对于养老发展就更是如此，目前还没有哪个养老院是通过旧村改造而设立的，并非没有人想过，关于养老院的设施政府有比较详细的规定，而以居住为目的形成的空间很难符合这些规定，例如消防相关规定和日照的规定。所以目前养老均是自发的，城里人来到乡村，租赁一间村舍，这就很难形成规模和气候，而养老者的医疗、公共服务和生活配套难以得到保障。

旧的体系已经难以维系，而新的体系建立却涉及多方面的体制改革，进一步发展充满困难。最大的困难是土地权属的问题，集体土地的权属难以变更为外来者，本地居民的市场观念又不足。此外，乡村的规划要求非常严格，旧的空间难以适应新的需求。农村人口进城，可以享受到优质的公共服务，而逆城市化的过程却在户籍制度和社保制度上受到限制，无法顺应社会发展而保障这些新的现象。目前谈乡村的振兴确实反映了乡村面临的困境，但乡村的振兴应该是一个系统工程，不仅有思路，更要有相关政策的先行。

第三章　村舍与良田：乡村景观格局的要素

伴随着高速经济增长和大规模城市化，乡村景观在过去三十年间发生了巨大的变化。传统农业地带空间逐渐收敛，景观斑块细碎化，田埂变得整齐，现代建筑和工业区镶嵌其中，农业基础设施逐步完善，渔业和林果业用地占用原有耕面积大规模增长，传统的粮食种植面积缩小。农业生产依赖于农业机械，如播种机、插秧机、收割机、喷洒农药的无人机等。传统的乡村景观系统里的田、林、山、水、村等要素的组合同步发生了深刻的改变。而在不同的地域之间，乡村景观的差异也是十分巨大的，这种差异是由自然条件，以及由自然条件衍生出来的农业生产方式造成的，从而最终造成了景观的差异。本章将探讨我国典型乡村景观格局的特征，并找到形成原因和区位特征。需要强调的是，面对这些差异性，笔者的态度不是消极的，找到差异绝不是为了原封不动地崇尚某种景观，而是为了思索这些差异应如何适应乡村当地的生产生活场景，从而使乡村景观得以更好地保护与利用。

前文中笔者已梳理国内外文献来理解乡村景观应该如何解构，在这里，将参照这些理论和工作框架把传统乡村地区的景观分解成各个要素。不同地带乡村景观的构成要素有所差异，首先需要找到每个具有地域特色的乡村景观地带，这里将按照我国的土地利用类型特征寻找典型地带，涵盖东部平原、河湖圩区、黄土岩溶、南部河滨等，分别解构其乡村景观要素，分析各类要素的作用和意义，探讨各要素之间的关系，从而深刻理解要素在乡村生产生活中扮演的角色，并通过不同乡村的对比，找到乡村景观地域演变的规律及特征。

一、乡村景观格局的评价方法

探讨景观的变化，需要有一只“上帝之眼”。现代遥感技术使景观变化的研究成为可能。在所有开源的数据中，美国国家航空航天局（NASA）的陆地卫星 Landsat5/8 搭载传感器，不断生成的 TM（Thematic Mapper，意为“专题绘图仪”），是美国陆地卫星搭载的一种成像仪。与 OLI（Operational Land Imager，意为“陆地成像仪”），有 9 个波段，成像宽幅为 185*185 km。遥感影像被广泛应用于城乡规划及生态监测的各个领域。由于持续时间长，20 世纪 80 年代便有数据记录，处理方法成熟，数据获取便利，有利于多时相时间序列的对比及特殊地物的研究，虽然分辨率只有 30 米和 15 米，但已能满足宏观研究的基本需求。本章亦选取 TM、OLI、谷歌地图作为数据来源，以现代遥感解译的方法，关注乡村景观的尺度、格局及过程。运用景观生态学视角，但穿插着人文学科的思维，以文化的视角去看待乡村景观的解构。

（一）景观指数

景观指数是一种纯自然科学视角的景观研究技术。通过计算一个区域内景观斑块的数量、密度、大小、形状来判断景观格局的特征。常用的景观指数已经内置在一个叫作“Fragstats”的软件之中，该软件本是 1995 年美国农业部森林服务通用技术报告中发布的，目的是生态管理，但该软件被数百名专业人士使用而逐渐扩大了影响力，如今不断发布新版本，2013 年发布的 4.2 版本已经能够与常用的地理信息系统软件 ArcGIS10.0 兼容。

该软件所认为的景观是包含斑块或景观元素镶嵌而成的区域，而景观被尺度所限制，如果是小尺度，景观斑块由一栋栋房子、一条条小路、一块块田地所组成；如果是大尺度，则景观斑块则由一个个村落、一片片树林、一团团田地所组成。我们计算分析的过程中，并不需要纠结数据的精度，不同尺度的数据分析，均是基于相应尺度的研究思维，得出的是相应尺度的研究结论。

1. 单一斑块的分析（patch analysis）

单一斑块的分析反映的是某一类地物（如耕地）中某一斑块（一块连续的耕地）的特征。Fragstats 中有 15 个景观指数来刻画单一斑块的特征，分别是斑块的面积、斑块核心（主体）的面积、边缘对比度、欧几里得最邻近距离、周长面积比、核心区域数量、周长、邻近指数、形状指数、核心面积指数、分形纬数、回转半径、相似指数、相关外接圆、聚集指数。在所有单一斑块层面的景观指数之中，面积与周长最为基础，刻画的是大小数据；核心区域面积、核心面积指数、周长面积比、核心区域数量、回转半径、分形维数、相关外接圆等刻画的是斑块形状的特征；其他景观指数刻画的是该斑块与周围斑块的交互。

2. 某类斑块的分析（class analysis）

某类斑块的分析反映的是某类（如处于一个景观格局之中所有的耕地斑块）斑块的特征。Fragstats 中有 40 个景观指数用以刻画某类斑块的特征，它们分别是对比度加权边缘密度、散布与并列指数、周长面积分形维数、总面积、总体的核心面积、景观分类指数、分离度指数、斑块景观面积比例、总边缘长度、边缘密度、斑块面积分布、回转半径分布、周长面积比分布、形状指数分布、分形纬数分布、线性指数分布、限定框分布、邻近指数分布、核心斑块占景观比、离散核心斑块数量、离散核心斑块密度、核心斑块分布、离散核心斑块分布、核心斑块面积比分布、总边缘对比度、边缘对比度分布、相似邻近百分比、聚集指数、聚类指数、景观形状指数、归一化景观形状指数、整体性指数、斑块数量、斑块密度、景观分割指数、有效网格面积、欧几里得最邻近距离分布、邻近指数分布、相似度指数分布、连接度。这些指数分别体现了某类斑块的面积、形状、分布及交互情况。

3. 整体景观的分析（landscape analysis）

整体景观的分析反映的是某区域的各类斑块（覆盖整个空间的耕地、水域、聚落、森林等）的总体特征。相关的景观指数有景观面积、最大斑块占景观面积比例、总边缘长度、边缘密度、斑块面积分布、回转半径分布、周长面积分形维数、周长面积比分布、形状指数分布、分形维数分布、线性指数分布、限定框分布、邻近指数分布、核心斑块总面积、离散核心斑块数量、离散核心斑块密度、核心斑块分布、离散核心斑块分布、核心斑块面积比分布、对比度加权边缘密度、总边缘对比度、边缘对比度分布、蔓延度、散布与并列指数、相似性邻近百分比、聚集指数、景观形状指数、整体性指数、斑块数量、斑块密度、景观分割指数、分离度指数、有效网格面积、欧几里得最邻近距离分布、邻近指数分布、相似度指数分布、连接度等 37 个景观指数。

上述三类数百个景观指数之中，对于乡村景观来说，对某类斑块的分析及对景观整体格局的分析所涵盖的景观指数将得到验证与应用。这些指数将用来描述乡村景观的面积、形状、分布及交互。

（二）空间对比关系

除了整体的景观格局之外，还有一些信息我们可由遥感数据中得出。例如村落内部房屋的数量、朝向，房屋之间的关系，村落与水系的关系，等等，这些信息均反映出村落与自然的适应性。从不同地带的乡村之间的信息对比，我们可以看出一些关键要素在村落景观特征形成中的作用，这些作用反映在村落内部的形态以及当地的生产生活方式之中。

（三）研究数据与处理

初始状态景观格局采用 landsat 5 的 TM 影像，现状数据采用 landsat 8 的 OLI 影像。经过图像校正及分类两个步骤进行前期处理。

图像校正处理是对遥感影像的纠正和重建，由于天气原因以及卫星传感器自身的原因，遥感影像的成像过程受到很多因素的影响造成影像的辐射失真和几何变形。因此，在进行遥感图像处理前，必须进行校正处理，其中主要有大气校正和几何校正两个部分。在进行大气校正前，还要对遥感影像进行辐射定标。

第一步对地理空间数据云下载的遥感影像进行辐射定标，在 ENVI 5.3 软件界面，打开遥感影像的 7 个研究波段，并加载 MTL 文件，遥感影像数据会以真彩色显示，打开工具箱（Toolbox），选择辐射校正栏目下的 Radiometric Calibration 工具，进行辐射定标，设置遥感影像的数据排列格式为 BIL，自动选择长度比为 0.1 和输出数据类型为浮点型等相应参数，保存辐射定标数据结果。

本次研究下载的遥感影像已经进行过传感器粗校正，在这里只需对遥感影像进行大气精校正。在上一步的辐射定标完成之后，进行遥感影像大气校正，运用 FLAASH 大气校正模块进行处理，FLAASH 模块准确度比较高，进行校正时的参数选择操作比较容易，消除自然光照与大气状况等因素对于地物反射的影响，获得更加真实的土地利用反射信息，为后续的地物分类步骤提供研究的数据。

本次研究的 TM/OLI 遥感影像都运用 1 波段（蓝波段）、2 波段（绿波段）、3 波段（红波段）进行组合，这三个波段都是可见光波段。运用 3、2、1 波段进行调整 RGB 通道融合之后，输出的是真彩色的图像，彩色显示图像，可以较为直观地分辨各种土地利用类型的特征，可以确定不同地物在融合后的真彩色图像上颜色显示以及各像元形状有以下的特征：水体大部分由河流组成，颜色为深蓝色，并呈带状显示；研究区绿地整体为绿色调，有颜色深浅的变化，可以区分林地和草地差异；耕地呈现浅棕色和深黄色，并大多在建设用地周边呈现显示出比较规则的长方形。同时本研究还选取了两个可见光波段和一个近红外波段进行组合，运用 4、3、2 波段进行 RGB 合成之后的图像为标准假彩色图像，土地利用类型的特征更清楚，植被呈现各种红色调，建筑、工矿、道路等建设用地呈现亮度高的灰白色和靛色，这个波段组合经常用于植被分类。在进行土地利用分类时运用假彩色图像进行真彩色遥感影像分类的参照，使得土地利用分类结果更精准，便于之后的研究。

通过 ENVI 5.3 软件对遥感图像进行分类，共有非监督分类和监督分类两种分类方式可以选择。这里选择监督分类，监督分类又称为训练场地法，首先需要从影像中选取各类土地利用典型的样本，将其归为一类，也称感兴趣区（ROI），计算机根据所选不同类别感兴趣区的特征参数，自动制定阈值、形状、长宽比等函数，然后对其余没有选择为感兴趣区的待分类影像进行归类。监督分类常用的分类算法有以下三种，分别是最大似然法、最小距离法、平行六面体法，本研究采用监督分类方法中的最大似然分类算法。

在本次研究进行地物分类时，首先利用非监督分类的方法进行一遍土地利用地物分类，获得土地类型的大概分类状况；之后加载 ENVI 中的 ROI 工具，选取训练样本，根据非监督分类的印象，确定先验样本后选取四类足够多的训练样本（感兴趣区），分别归类到林地、建设用地、耕地以及水体之中；然后使用分类工具下的 Maximum（最大似然法）进行分类，结合前期融合的假彩色遥感影像的目视解译以及谷歌地球（Google Earth）进行部分修改，得到分类结果。

二、不同地域乡村景观的特征

（一）江南水乡

江南如诗如画，在文人墨客的笔下是一个似天堂的地方，改革开放后是我国民营经济发展最为迅猛的地区。江南水乡及其耕读文化传承数千年，人杰地灵，为我国文化宝库增添了无数瑰宝。江南水乡一般是指苏锡常杭嘉湖平原，这里气候炎热、降水丰沛、河湖遍布。在古代，这种泥沼地区并不适合人类居住，不但容易发生洪涝灾害，且蚊虫滋生，疫病流行。在魏晋南北朝时期，北方战乱，北方人口南迁，带来了先进的生产技术，江南逐步被开发。先民们用他们的智慧改造和利用了这块土地，使它成为诗意、美好和富庶的象征。文化深厚、经济发达，古风与现代的碰撞带给乡村巨大的影响。在这里选取了苏州常嘉高速东侧沈家荡周边的江泽村、吴家埭、吴湾村、任家湾、小庙圩、石佛浜、友好村等村子进行分析，它们基本上北邻周庄，东邻上海。

1. 水系格局

区域原本地势低洼平坦、泥沼遍布，常年受到洪水威胁。为了利用这块土地，先民们不断兴修水利，首先由大型的湖泊（太湖）引水连接洼地修出一条条主干的河道，当地叫“溇港”，连接溇港的又有一个个串珠似的小湖泊，被称为“漾荡”，入湖的溇港接口处设有水闸。溇港和漾荡的首要作用便是防洪灌溉。丰水期，地势较低的漾荡和溇港接纳了耕地和村里多余的水，通过水道流入太湖；在枯水期，又可以从太湖里引水灌溉。原本相对平坦的地面被改造为高低有序的地形。漾荡低洼，河道次之，耕地再次之，村落在最高处。江南水乡的水网系统实际上是一个巨大的水利工程。在一级溇港之外，又有二级溇港，二级溇港自漾荡引水，穿过滨水的村落，水乡便由此得名。

2. 村落特征

由于洼地并不规则，溇港的走向不似太湖南岸的浙江那般平直，但溇港和漾荡将村落与耕地围合，村落则位于几条水系的汇聚之处，以便利交通。每座房子滨水不过两三座房子的距离，每隔一两座房子的距离，在溇港边便有一座小型码头，以便村民停放船只，连接溇港两侧的桥为拱桥样式，以便下方通过船只。但随着陆上交通的发展，村民的出行也不再依靠船只。传统的村舍为黛色屋顶，白色外墙，民国时期房屋窄小昏暗，一般为一至两层，而现如今翻新的房屋一般有两到四层。单座房屋占地面积不过 200 平方米，比现代制式村舍占地小。房屋大体坐北朝南，与水系相平行或垂直，左右两座房屋间隔为 3~4 米，南北间隔约为 10 米，房子的进深为 10~13 米，面宽不等，在 10~15 米之间。

3. 耕作特征

江南水乡人口稠密，人均耕地面积少，鱼米之乡的得名有赖于先民们的精耕细作和地尽其用，以前这里人均耕地面积不过 1 亩，在如此狭小的耕地上种植庄稼，一年两熟，四季常青。田间地头广植桑树，房屋的一层为蚕桑之用，水塘则养鱼养虾养蟹，水里的淤泥可作为庄稼的肥料。由于水网密布，人均耕地少，田块平均 500 平方米，是一种精细化小农业的耕作模式，非常适应我国古代的劳动力特征和生产组织方式。

4. 居住文化

临水而居，乘舟而行，村与村之间由二级溇港相连，村与市之间便要穿过更多的大型水面，即使是耕作，也要依赖水路。水的交汇之处，是村里最热闹的地方，是村民们的公共交往空间，往往家庙等便坐落于此处。与水的渊源还体现在地名上，除了“溇、港、漾、荡”等本身描述水的字眼，村的名字也离不开水，例如“埭、湾、土斗、圩、浜”等，这些字指的都是水边的高地，由先民们开挖溇港和疏浚河道的土方堆积而成，村落便是在这高地上，依水利却免于洪涝。滨水而居，一层潮湿作生产用，二层及以上为居住用。

（二）华北平原

华北平原是人类开发最早的地区之一，在历史上始终处于人类活动和中华文明的中心。形成目前的村落格局大约在600年前的永乐年间，由于元末明初的战乱，千里无人烟，故由山西向华北平原移民，也就是民间流传甚广的大槐树故事。华北平原面积广阔，沃野千里，阡陌纵横，故聚落之间人与信息传递机会很多。华北平原内部的居住环境、建筑特色、生产方式有诸多共同点，这种共同点令华北乡村看起来充满乡土气息，却没有鲜明的个性。但实际上如此“乡土”的普通村落也体现了自然和文化的适应性。此处选择了河北省南部腹地的阮庄村、安兴村和刘路村三个村落进行研究，这里远离城市，没有大型交通设施过境，是传统的农业村。

1. 自然环境

华北平原的海拔一般在50米以下，由穿越太行山脉的黄淮海平原构成。过去太行山脉流下的水滋养着这片土地，由于地势平坦，河道没有约束，改徙无定，华北平原流传着许多历史上发生水患的故事。先民在此疏浚和挖凿了很多河流，为传统居住和农业生产提供了水利设施。近几十年，华北平原人口激增，工业和农业均获得了长足发展，上游在20世纪60年代建设了一系列水库，用水量大增，使得下游变得越来越干旱，不少支流水系仅有河床而无水。人口稠密，气候干旱，水资源匮乏，传统农业大量使用地下水，形成了华北平原地下水的漏斗区。

2. 村落特征

华北平原仿佛一张白纸，在白纸上，村庄均匀分布，村与村之间的关系非常符合克里斯泰勒的六边形规则。村子处于高地之上，以防止时常泛滥的洪水，四周种满了高大的树木。没有河道的影响，村落坐北朝南，非常规则。过去人们出行依靠步行或者马车，因此村子的四周和内部有着笔直的路网。村子内部在南北和东西向各有一条较宽的路，路的交叉之处是村民们集会的小广场。在大路的两侧放射状地排列着很多只能供人、牲畜和小型马车通过的道路，方言里有的叫“胡同”，有的叫“过道”。通过过道便可以进入家门。规则排列的房屋和两个房屋面宽间隔的过道构成了平原村落的最基础脉络。房屋在院落的北侧，一般的院落靠过道一侧有东屋或西屋，南侧为其他人家的屋墙，东屋或西屋的对面是与邻家的共有院墙，有的院落东西两侧均有房屋。研究区域每一个院落的平均面积为 350 平方米，主要道路宽 10 米，通道宽 2~4 米。

3. 耕作特征

与居住的规则相仿，耕地更加规整，从遥感图上可以看出规则的、横平竖直的田块。传统农业靠天吃饭，畜力耕作，打井取水，沿田地边缘修人工渠，依靠水泵进行灌溉。目前华北平原这种平坦的大块农田机械化程度很高，使农业劳动力人口需求下降很快。富余的劳动力进城务工，村宅多有荒废，近年来合并消失的村落越来越多，其根本原因在于生产半径扩大，需要的农业人口变少。但实际上，与美国的机械化农业相比，目前华北平原耕作半径依旧较小，未来迁村并点的趋势将进一步发展。研究区作物一年两熟，跃冬小麦为一季，小麦收割之后再种一季，一般是蔬菜和玉米。几十年来，采用地下水灌溉，农业用水集约程度很低，研究区地下形成了巨大的漏斗，近年来政策对耗水作物多有限制，通过农业补贴而减少了耗水作物的种植。

4. 居住文化

规则的房屋和田块，使得华北乡村的文化处在一种规则而严密的网络之中。阮庄村东西走向的街将村子划分成前街（街南）和后街（街北），前街与后街分属不同的姓氏。相邻住户之间组成生产互助小组，村子四通八达，村民们组织轮流看青（防止庄稼被偷），夏收和秋收之时，相互帮助加快进度。所以，这样的居住格局既是血亲聚集的体现，又有生产互助的成分。研究区三个村子如今还保留着传统的婚丧嫁娶和节日习俗，这些均有严密的程序。在五服之内的亲戚，过春节要互相走动，晚辈需向长辈行跪礼，长辈向晚辈赠送红包或礼品。红白喜事亦保留了传统的风俗习惯。虽然随着城市化进程的加快，生产互助的功能已经逐渐淡化，而随着人口流出，传统风俗也受到冲击，但从现有的遗存，可以感受到这种乡土社会对规则和权威的崇尚。

（三）黄土高原

黄土高原在先秦时期便有人类活动，是华夏文明的发祥地，也埋葬着中国最强盛的王朝及帝王。后由于战乱衰落，明朝开始又有人口大量迁入，清朝时期村落基本定型流传至今。黄土高原黄土层深厚，最厚处可达几百米，黄河及其诸多支流流经此地，造就了独特的地理环境。黄土高原被流水冲刷出千沟万壑，土地贫瘠、生态脆弱、水土流失、山体裸露、苍凉雄壮，形成黄土高原聚落特有的景观风格和居住文化。黄土高原的典型村落，此处截取了山西省吕梁县（现为吕梁市）李家崖、郝家甲村、杨家洼、崖窑沟等村落，紧邻黄河主河道，村子分布于 007 乡道的两侧。

1. 自然环境

气候干旱，降水较少，年降水量在 400 毫米上下，主要集中于夏季，流水切割导致沟壑纵横。除森林与草原的过渡带上，生态环境脆弱，土质松软，黄土层很厚，黄土为西北地区风化产物，矿物质较多，利于耕作。区域海拔在 1000~2000 米之间，地貌上可划分为墚、塬、峁等主要黄土典型景观。这种自然环境使得人口大量聚集在河谷地带和黄土丘陵地区，中华人民共和国成立之后人口迅速增加，耗水量和开垦量居全国前列，这使水土流失进一步加剧，直至近十几年这种现象才得到根本扭转和遏制。黄土高原多风，风起之时，黄土漫天，形成了多数人心目中黄土高原的典型印象。

2. 村落特征

所选丘陵地区地势微微起伏，每个村落依山势而建，最传统的住宅是窑洞。每个村落不过四五十户人家，窑洞布局在山坡不同的高度上，错落有致因此互不遮挡阳光，户与户之间相距较远，虽然多开凿于同一面山墙，但依然拥有自己独立的生活空间。传统的房屋是窑洞，靠挖掘山体形成居住空间，表现在遥感图上的建筑体量不大，隐藏在黄土山坡之中。显示出建筑体量的部分一般坐北向南，或依据山坡方向基本朝向一致，隐藏的建筑面积一般超过露出的建筑。村落的选址和坡向很有讲究，因此村舍多分布在缓坡和宽坡一侧，相反一侧由于受到泥石流威胁较大，一般没有农户居住。沟谷内部和河流两侧为农田，山坡向阳处开辟少量梯田，而其他山地空间则为林地。

3. 耕作特征

与其他地区相比，黄土高原的人口密度不大，但由于土地贫瘠，严重缺水，粮食产量很低，一般一年只能种植一季粮食，蔬菜可种植两季，人均十余亩土地依然不能达到小康的水平，年轻人大量流失。土地起伏大，无法大规模使用农业机械，劳作异常辛苦。种植的作物有大米、小麦、蔬菜、葡萄等，山林主要种植枣、杏扁等经济作物。林地地块多种植柳树、杨树等毫无经济价值的林木品种。自然环境纯净，昼夜温差大，农产品品质高。

4. 居住文化

从地名上反映出村落以姓氏为标志聚集及窑洞这种居住类型具有特殊性。利用黄土高原黄土的厚度和良好的垂直性，智慧的先民们创造性地利用地势，挖洞或凿壁而居，冬暖夏凉，与窑洞配套的拱形门窗具有良好的透光性，解决了自然采光问题。黄土高原盛行东西风，靠山和坐北朝南也避免了风吹。开凿窑洞成本低，过去汉族和少数民族杂居之时，烽火狼烟，窑洞建造简单，省时省力。黄土高原难以生长高大的乔木，建造瓦房缺乏房梁，窑洞不需要使用房梁。因此，独特的地理环境造就了独特的居住文化，使得窑洞这种具有典型黄土高原特征的居住形式代代相传，至今依然广泛分布，逐渐成为黄土高原的名片。如今的砖瓦房虽然逐渐代替了窑洞，但传统的窑洞至今看来仍有优越的性能，无法被取代。

（四）岭南乡村

岭南即五岭以南，是我国大陆的最南端，气候炎热多雨，终年无霜雪，地貌类型复杂多样，同时南向大海，造就了兼容并包和创新进取的岭南文化。岭南地区自秦统一以来，汉族南迁，百越民族与汉族杂居，如今形成了广府、潮汕、客家三大民系。岭南少数民族众多，形成与气候和自然环境相适应的乡村风貌。此处选择南宁邕江之畔的石埠半岛，这是南宁乡村风貌最典型的地区之一，也是国家乡村综合开发的试点地区，《美丽的南方》这部文学著作便是以此地作为背景而创作的，研究区选择桥头、细巷、庙背、大巷、乔板圩、八冬、七冬等 14 个自然村落。

1. 自然环境

研究区位于北回归线以南，属于热带地区，炎热多雨，年平均温度在 20℃ 以上，珠江干流流经，水量大，水资源丰富。在邕江两岸冲刷出的河谷地区空间宽展，地势平坦，土地肥沃，作物一年三熟，终年可进行农业耕作，是人类理想的农业地带。岭南地区多山，但同时又是我国人口最稠密的地区，故河流冲积平原人口密度极高，城镇和聚落密度大，如广东中山的平地 80% 以上为建成区，乡村空间已经十分有限，与之前几类乡村地域研究面积相仿，但岭南乡村在研究范围内的村落数量最多，聚落十分密集。

2. 村落特征

与其他区域的村落相比，研究区的村落整体形态很不规则，实际上，这些村落的基础格局考虑了排水之便利，村落的朝向与水系走向相垂直，村落坐落在等高线快速变化的方向上，而地势多变导致水系蜿蜒曲折，形成不规则分布的村落。村口处或水路连通处有公共活动空间，村落内部有一条主街、两至三条次街和若干个巷子，主街与巷子相连，巷子又连通每一栋房子，主街宽 4~6 米，巷子宽 2~3 米，这种布局类似梳状，但具体到每个村子，与自然环境相适应，表现为不同的整体形态。村子主街与四周、鱼塘周围分布有树林，品种以榕树和果树为主。利用自然河道和洪水冲沟开辟为耕地，这些次级水道经人工引水围合为大块的耕地。由于水系的自然走向，村落、耕地、道路和农田方向各异，顺应水势。因此，村落格局村村不同，各有特色，可见村民为构建更好的居住空间所作出的努力。

3. 耕作特征

岭南潮汕地区有一个俗语“种田如绣花”，因人多地少，精耕细作之程度堪为一绝。研究区虽不如潮汕之甚，村落密度如此之大，耕作同样不能马虎。凡可利用之地，便开垦为田块，间种套种，农业技术升级后覆膜种植和大棚种植也很快引入，作物可达一年三熟，水稻、玉米、马铃薯、甘蔗等高效轮作。但为了提升农田的经济价值，粮食种植已经比较少，引入了火龙果、草莓等更有经济价值的作物，坡地上还可种植茶叶，四季均有瓜果飘香，农业作物品种丰富，农业产值高。

4. 居住文化

岭南潮湿多雨，乡土建筑有两个主要的需求。其一，阴凉。夏季极端气温在 40℃ 以上，且夏季漫长可达六七个月，建筑表现为房屋间距小，院落狭窄仅有天井或没有院子，依山势和水路而建，村落的名字蕴含着水乡文化的意味，房屋的朝向以南北为主，但各向均有，并不规则。单体建筑面宽小，进深长，窗户小。其二，防灾。岭南地区夏季极端天气多，需要预防台风和快速排水。石质瓦片台风来时覆盖石头和集中居住的格局则有利于抗击自然灾害。由于人口稠密，粮食难以满足需求，岭南地域历史传承商业文化及海洋文化，同时为争夺资源与外出经商，宗亲内部十分团结,从而使宗族文化和民间信仰发达。宗祠、庙宇几乎在每个村落均能看到，祭祀传统延续至今，成为维系村落乡愁的精神力量。

（五）东北平原

东北是一个地理单元和文化单元，指的是山海关以东、以北的地区。大小兴安岭、长白山围合，东北平原是松花江、乌苏里江、黑龙江、辽河及嫩江的冲积平原，是我国面积最大、土地肥力好的平原。由于具有独特的自然资源和环境条件，东北成为我国工农基础好、大城市密集、人口稠密的地区之一。十几个少数民族在这里生活，稻作文化、鱼作文化源远流长。东北平原是满族的发祥地，满族入关后使东北的文化传统对北方文化产生了重要影响。此处选择了黑龙江省哈尔滨市双城区高家窝堡、刘家窝堡等村落进行研究。

1. 自然环境

该处研究地域纬度高，达到了北纬 45°，三面环山，属河流冲积平原，为大陆季风气候。东北平原可接受来自南部、北部和东部的水汽，降水丰沛，人均水资源量居全国前列。独特的气候条件决定了该地区气候寒冷，降水丰沛，加上地势平坦，面积广阔，特有的黑土地养分充足，是理想的农耕区。夏季炎热多雨，适合农耕；冬季漫长，取暖期可达 6 个月。冬季的严寒使作物生长缓慢，农产品品质很高。

2. 村落格局

村子坐北朝南，并朝东西向延伸。前后房屋南北间距大，一般可达800米，单户平均占地约2000平方米。东北土地资源丰富，这样的布局一方面有利于采光，另一方面使各家各户有一个相对宽敞的生产生活空间，用于堆放粮食、开展院内的劳动等，这体现了东北粮仓的特点，同时冬季气候寒冷，生产生活活动只能在院内开展。村落内的道路十分规则，东西走向的干路与前后两排房屋相连通，各家各户出入便利，一条南北走向的主路与各干路相连，成为村落出入的交通线。与华北平原的布局差异明显，多数的院落没有厢房只有正房，靠栅栏或篱笆围合成院落。村落之外即为农田，东北土地资源丰富，气候湿润，适合农耕，是我国的北大仓，各类粮食作物产量均居全国前列。依照水、道路和村落的布局，耕地被划分为一个个田块，每个田块大约60公顷。

3. 耕作特征

寒冷的气候特征使东北地区的作物生长缓慢，一年一作。尽管如此，东北粮食产量占全国三分之一，平原平坦的地形有利于机械化农业的运作和推广，同时东北老工业基地的装备制造基础也为农业机械化提供了保障，成片单一作物的种植也为使用农业机械提供了便利。目前，东北平原的农业机械化率已达90%以上，稳居全国第一，使得东北粮食商品化率超过60%。在大规模的单一作物机械化生产的同时，穿插了稻鱼、稻蟹等传统农业套作。

4. 居住文化

东北乡村民宅表现为屋矮、窗宽、墙厚，体现了对寒冷气候的适应性。东北的民宅单体小，形状更厚重，保暖性好，宽大的窗子可以使屋内冬季射入更多阳光。屋内一般设有与炉灶连通的火炕和火墙，与屋顶的烟囱相连。东北人热情豪爽、激情张扬的性格与极端的气候和宽敞的居住环境分不开，民间传统艺术的兴旺也反映了农闲漫长时光的消遣方式。

（六）贵州高原

“地无三尺平”“云贵万重山”等谚语揭示出多山是贵州地貌的典型特征。“天无三日晴”又反映出贵州多雨的气候规律。山的阻隔使交通不便，信息传递困难，因此造就和保存了多样的文化群落，少数民族众多，是苗族、布依族、侗族的主要聚集区，民族传统异彩纷呈。因此，人们对贵州的典型印象是青山绿水和少数民族的村寨。虽然过去交通不便令贵州经济在全国处于后列，但纯净的自然环境使贵州的生态价值凸显，孕育出独具特色的山地居住文化。这里选择荔波县樟江两岸的拉良、拉浪、提花等6个村落进行分析。

1. 自然环境

贵州的气候温暖湿润，属亚热带湿润季风气候。气温变化小，冬无严寒，夏无酷暑，气候宜人，降水丰沛，雨季旱季分隔明显，阴天多，日照少。贵州河流数量较多，水资源量居全国前列。贵州省八山一水一分田，属云贵高原的一部分，平均海拔超过1000米，平地很少，人均耕地面积不足1亩，是全国人均耕地最少的地区之一。喀斯特地貌发育，山体的形态、山谷的组合与聚落和梯田形成独特的视觉美学意向。

2. 村落格局

山地众多的地貌特征使得人类只得择谷而居，山谷中水流不断，山谷高处的洪积扇坡地，是贵州典型的乡村聚落选址。一面背山，一面临江，既要考虑躲避洪水和泥石流，又要考虑引水和灌溉。在坡地上建房子，那么房子不但要考虑山谷的脉络，又要适应坡地变化的微地形，从而村落的房屋整体一致而又不相同，错落有致。整体上村子沿山谷走向延伸，背山面水，在局部会受地块和坡地的影响而调整。为了免受洪水侵扰，村落一般离江水有一段距离，江面和村落之间的部分便为梯田，村落更高的部分有少许梯田，更多的是山林，形成一种林包田块，田块包村庄的关系。潮湿多雨日照不足，这里的房屋建得很高，底层潮湿不适合居住，房屋之间空间很小，因为房子建在山坡不同的等高线之上，不需担心遮挡光线的问题。

3. 耕作特征

山地众多、喀斯特地貌发育、石漠化严重、水体深切，使得耕地稀少、土地十分贫瘠，村落见缝插针，耕地零散分布，劳作距离远，土地不平坦，耕种方式与中原传统农业有很大的不同。山坡最高处为森林和草地，其下为旱地，旱地紧邻村落，村子与江水之间为湿地和水田。由于地形复杂，村民会择适宜处栽培不同的作物。阴凉和下部可栽种稻谷，水中栽培水生作物，光照好的旱地则选择玉米、马铃薯等耐旱耐贫瘠的作物。为了提高产量，实践出稻鱼共生系统。由于难以开展大规模机械化生产，目前主要借助畜力和特有的农具进行生产，生产效率不高，在农业生产中保留下的生产号令被传承为特有的山歌，成为重要的非物质文化遗产。这种独特的耕作模式保留完好，对研究山地农业有重要意义。

4. 居住文化

贵州山地分割使得传统村寨众多，文化习俗多种多样。在村落的命名上，以“鸠”命名的村寨源自苗语中的“寨”，而“拉”也源自当地民族土语。无论是现代的村宅还是传统的吊脚楼，贵州的屋舍多为两层或更高，主要是为了节省土地和适应潮湿多虫的生存环境。屋舍之间没有院子，村民的交往主要发生在村落内的公共空间或祭祀场所之中。

三、传统乡村景观的地域性

当通过公共数据库下载遥感影像获取到以上 6 个地域的典型乡村景观后，为了研究的方便，裁剪出面积均为 7 平方千米上下的地块。有的地域景观类型较单纯，东北平原、华北平原与黄土高原，村落少，景观类型相对单一；贵州高原、江南水乡和岭南村落景观类型丰富多样，与地势相互交叉，错综复杂。在此按照各村落所存在的景观类型，将乡村地域划分为聚落、森林、农田、水体、产业、大棚、荒地和水塘 8 种类型，如图 3-1 至图 3-6 所示。

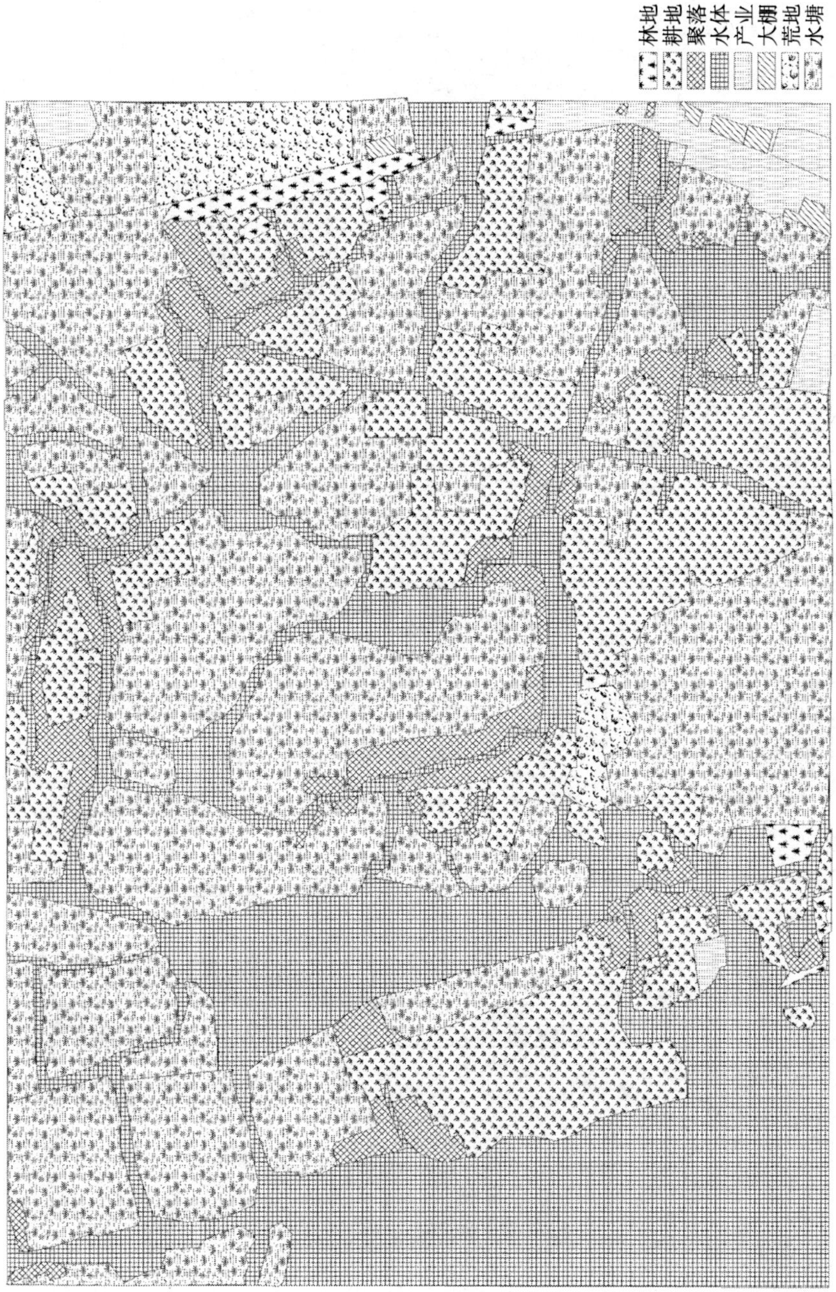

图 3-1　江南水乡典型村落景观格局

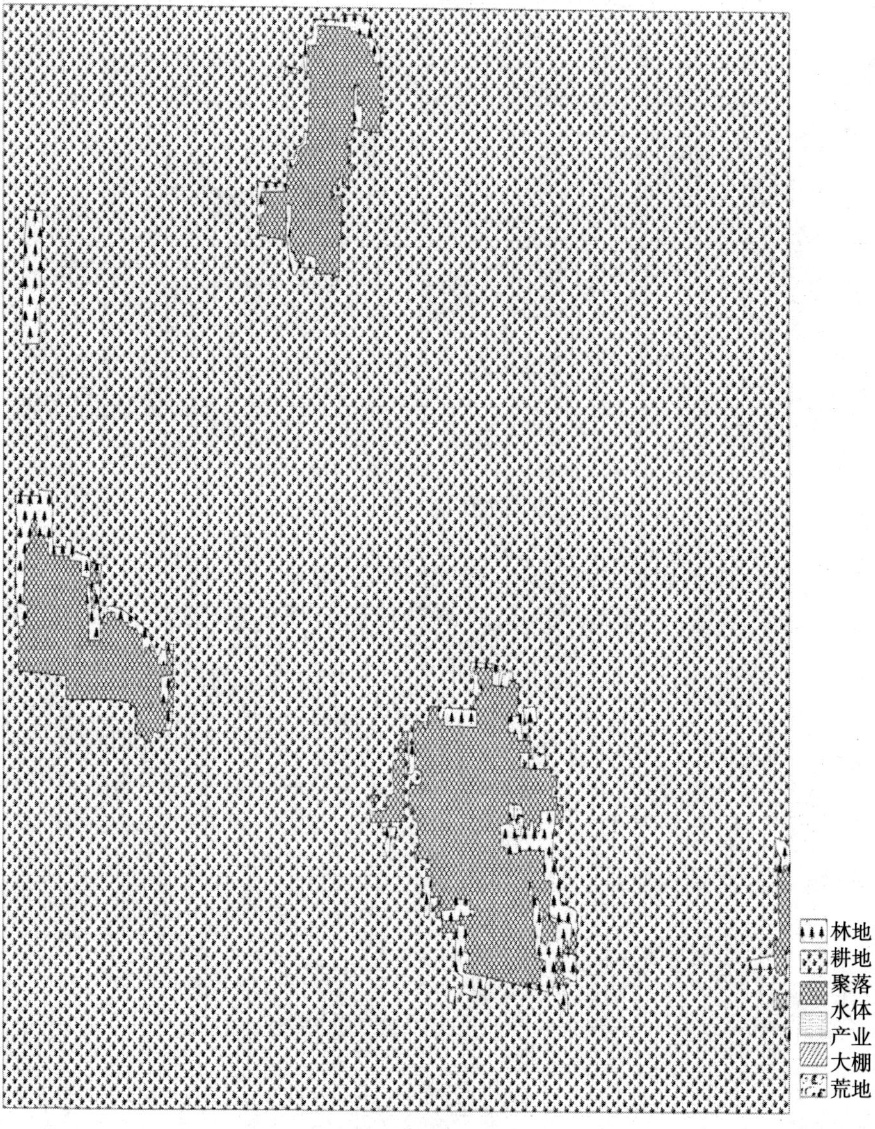

林地
耕地
聚落
水体
产业
大棚
荒地

图 3–2　华北平原典型村落景观格局

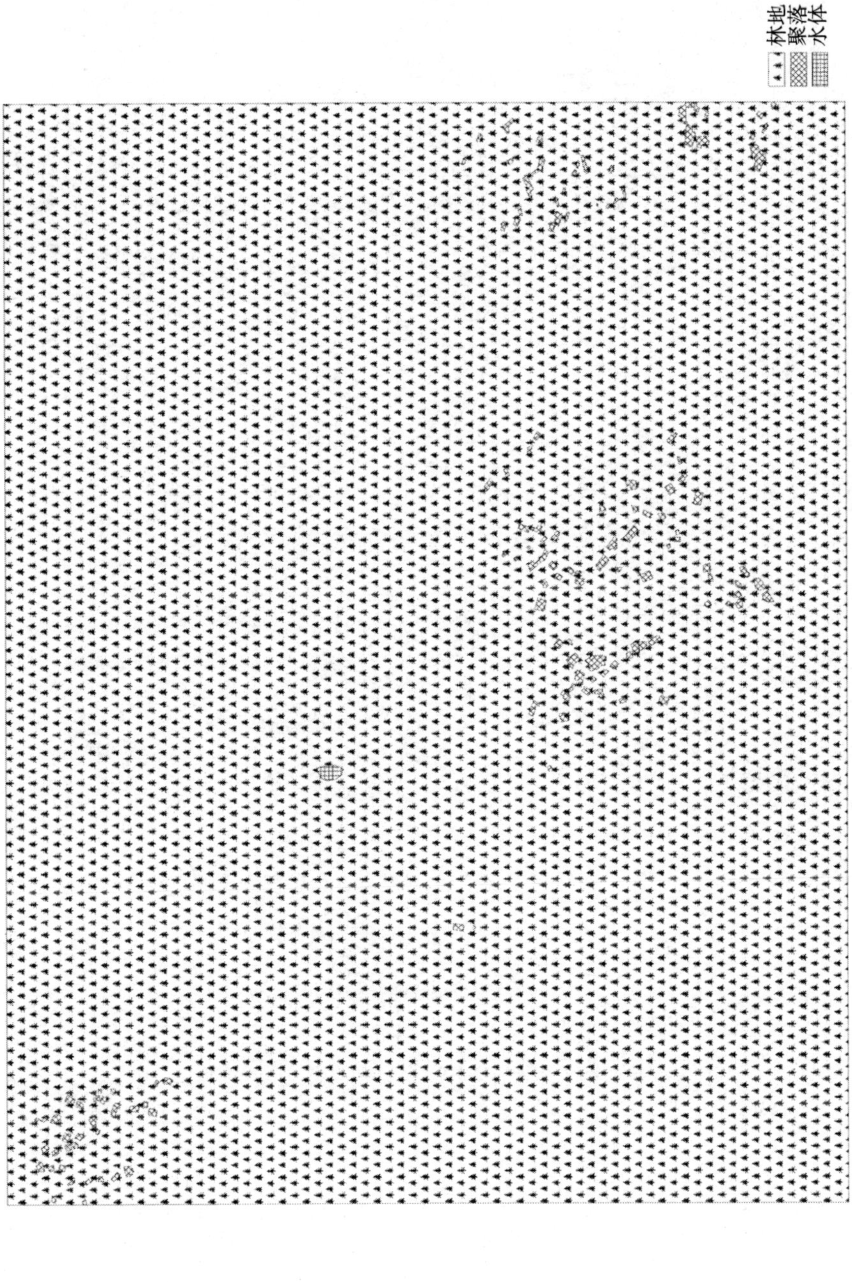

图 3-3　黄土地区典型村落景观格局

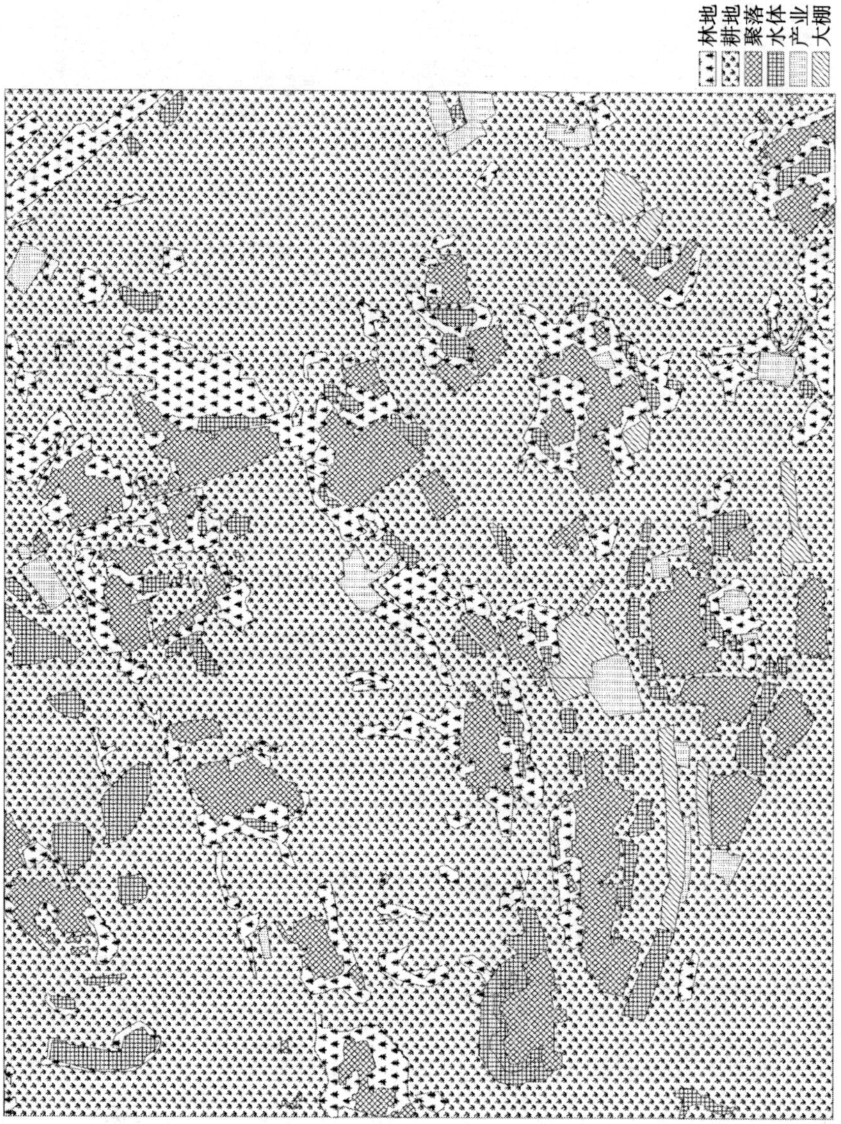

图 3-4　岭南地区典型村落景观格局

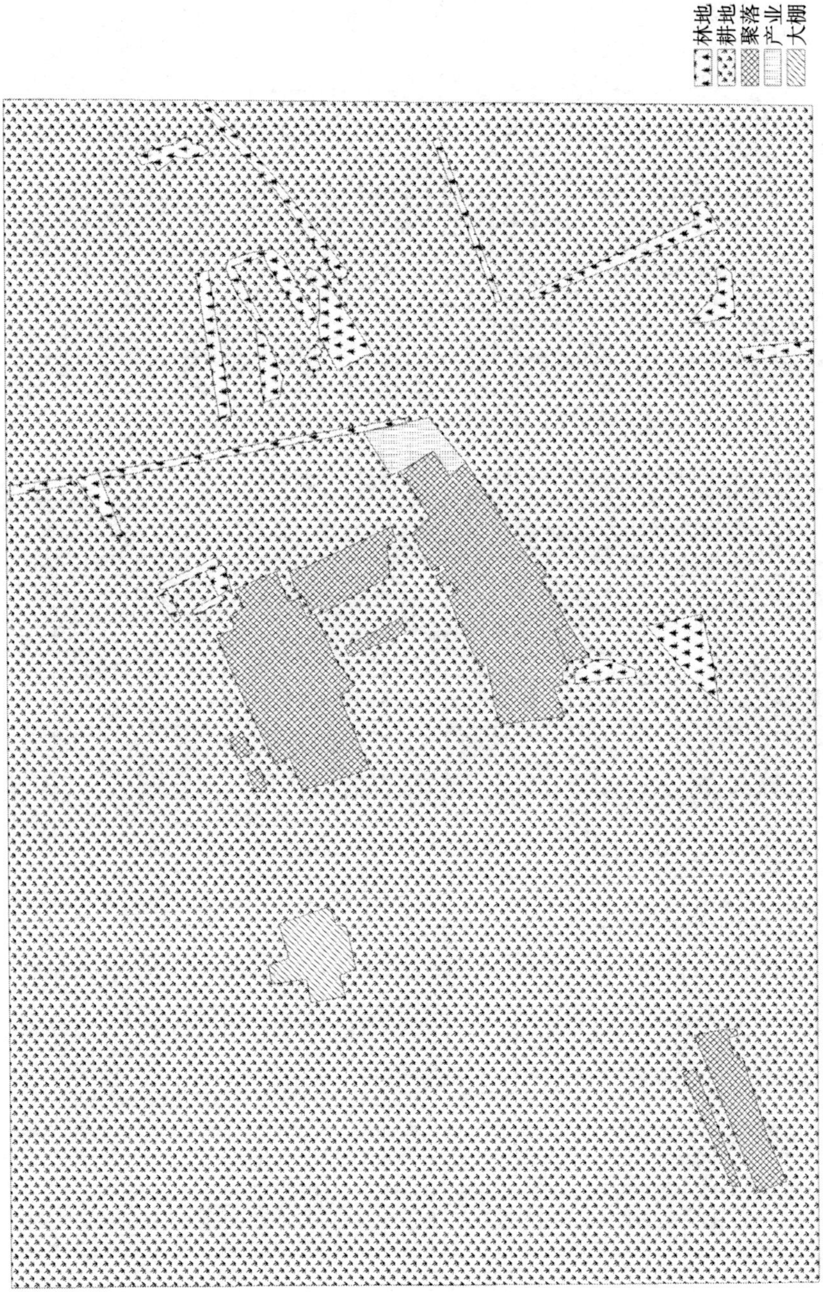

图 3-5　东北平原典型村落景观格局

林地
耕地
聚落
水体
产业
大棚
荒地

图 3-6 贵州高原典型村落景观格局

（一）乡村的基底

乡村的基底，可以理解为乡村景观的主导要素。基底是乡村景观赖以存在的基本构成，也是决定乡村特色的根本因素。“靠山吃山，靠水吃水，靠原为田”是基本的生态哲学与生存智慧。上述6个村落之中，华北平原和东北平原地势平坦、土地开阔、耕地辽阔，村落集中且布局规则，是一种没有自然要素干扰的人类理想聚集地，因此，东北平原和华北平原的乡村基底便是耕地，由此衍生出典型的平原农耕文化。黄土高原的乡村，背靠大山，流水切割地表，土地破碎，生态环境脆弱导致无法进行大规模农业开发，以林地为主，因此，黄土高原上的村落则以黄土山林为基底。贵州高原山高谷深，人类不得不退居在狭小的谷地之中，背山环水，这里乡村的主导景观便是峡谷。黄土高原和贵州高原孕育出山地共生的乡村。江南水乡河流密布，是人类改造湖泊泛滥区而成，河水相依，共生共存，因此，江南水乡的基底是太湖，该地区具有典型的水乡文化。岭南地区的乡村主要分布在五岭的冲积平原上，虽地势相对平坦，但规模不大，加之传统文化的原因，人口稠密，人均耕地稀少，但主导的景观还是耕地，其中夹杂了水乡文化和海洋文明。

（二）乡村的景观构成

6个乡村地域面积相似，但可以看出，构成景观的要素差异性很大，不妨将各类乡村景观的面积进行统计，可以得出景观要素构成情况，见表3-1。

表 3–1　六个乡村地域景观构成要素百分比

单位：%

景观	江南	华北	黄土	岭南	东北	贵州
林地	1.11	2.21	99.32	12.07	2.70	75.91
耕地	18.65	90.69	0	69.46	90.83	15.37
聚落	6.78	7.07	0.64	10.59	5.60	2.33
水体	28.23	0	0.03	4.64	0	4.61
产业	2.40	0	0	1.71	0.34	0.21
大棚	0.30	0	0	1.52	0.54	0.12
荒地	2.56	0.03	0	0	0	1.44
水塘	39.95	0	0	0	0	0

通过各要素的比例可以更加透彻地理解各类乡村的三生（生产、生活、生态）关系。根据土地的承载能力，承载最强的是岭南地区乡村，聚落比例达到 10.59%，单层住宅很少，以多层住宅为主，这意味着人口十分稠密。江南、华北与东北地区乡村聚落比例在 5.60%~6.78%，比例相差不大；但江南住宅间距小，基底面积小，楼层高，建筑密度高，因此在这三类地区，人口密度由大到小依次为江南、华北、东北。贵州人口密度也比较大，这是由房屋层数高、建筑密度高所反映的。黄土地区人口十分稀少，后续还将对此进行详细推论。此为生活空间的特征。

耕地、大棚及产业空间为主要的生产空间。乡村地区生产的开展以种植为主，华北平原和东北平原的耕地比例超过 90%；岭南 69.46% 为耕地，其余地域种植空间有限；黄土高原土地贫瘠，为了支持生态建设，退耕还林，耕地集中于山谷之中，而山上以林果业为主。贵州高原耕地稀少，是人类改造河谷的产物，这两种地域耕地少容易理解；而江南自古为天下粮仓，耕地不足两成，主要是由于水产养殖收益高的经济选择，反映了一种乡村经济的新趋势。

北方的水体面积可忽略不计；岭南和贵州比例相近，约为5%；江南比例最高，体现了水乡的特质。江南地区除近三成的水体空间，还有近四成的水塘空间，两者之和占据整体面积的三分之二，是地域的主要特征。林地在山地中占据主要的生态空间，如黄土地区和贵州高原。岭南地区林地也占据一定比例，其余平原地区可忽略不计，主要林地分布于聚落周边和道路两侧。如图3-7所示。

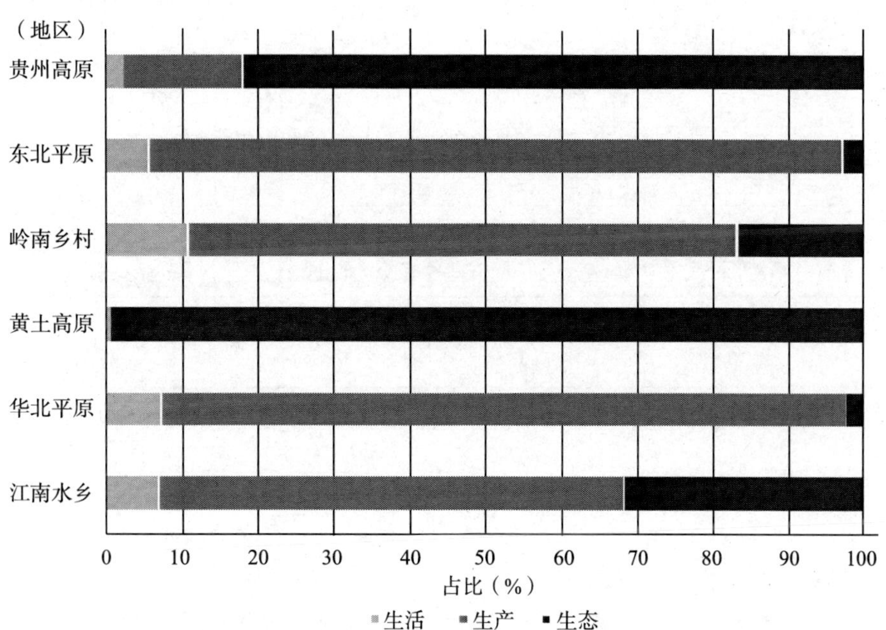

图3–7 六类乡村地带生活、生产、生态空间结构

（三）人地关系的测算

测算人地关系，由两条线索进行推论，第一条线索为种养殖空间的产出，即用所有耕地和养殖空间进行推论。第二条线索为聚落的面积及人口密度，通过两条线索的估算，可评估每类乡村景观之中农民的收入水平，并推论在这样的收入水平下人们的应对方式，进而推测出乡村未来的变化。

1. 江南水乡

所有地类最复杂的是江南水乡，产出可以分为两个部分，一为种植，二为水产养殖。种植依托于耕地和大棚，面积分别为 1 867 201.49 平方米和 30 144.55 平方米，耕地有效种植面积按照 90% 计算，并按照《苏州统计年鉴 2017》的播种面积，大棚则以蔬菜种植对待。估算出约 20% 的耕地为常年菜地，30% 的耕地为稻麦两作，30% 的耕地为稻蔬两作，20% 的耕地为麦蔬两作。分别作为一次产出，那么产出各类产出的总面积与单位产出关系见表 3-2。

表 3–2　江南水乡耕地种植面积与单位产出关系表

播种	露天蔬菜	小麦	稻谷
比例（%）	45	25	30
面积（平方米）	756 216.60	420 120.31	504 144.43
单位利润（元 / 每亩）①	3 282.56（常年）	–190.73	231.7
总利润（元）	3 723 489.54	–120 194.32	175 215.40

①表示数据源自《全国农产品成本收益汇编 2017》，蔬菜收益以黄瓜计，数据取本省或邻省。

由表 3-2 可知，耕地的总产值为 3 778 510.62 元，设施黄瓜的亩产为 5 330.92 元，那么设施农业总产出为 241 047.28 元。

水产养殖是江南地区重要的农村收入来源，研究地块以养殖大闸蟹最为闻名。在该地块，水塘的面积达到 3 999 712.49 平方米，以有效面积 80% 计算，水塘总面积达到 4 799.65 亩。根据调研的数据，大闸蟹亩均利润在 6 000 元上下，其他水产约在 2 500 元上下，从而总体利润在 2 400 万左右。

从农业和渔业的净利润相比来看，渔业总产值是种植业的近 10 倍。土地管理中基本农田禁止挖掘坑塘，但由于利益的诱惑，这种现象屡禁不止，如今愈演愈烈，已经难以扭转。太湖周边养殖大闸蟹，水产养殖户强调只有距离湖水五千米内能够引入湖水的地方可以养殖大闸蟹，太湖周边业适合发展水产养殖的空间几乎已经被占满。

这里根据聚落面积估算人口。聚落总面积为 679 175.92 平方米，80% 为建筑。以每座宅基地 180 平方米计算，片区内有 3 019 户。以每户 2 名农业劳动人口计算（考虑外出打工人口），则片区内有 6 038 人，每人的农业净利润为 4 306 元。根据调研，水塘土地流转率很高，一个渔业大户流转近百亩土地，只有老两口来经营。土地流转的费用在 1 000 元 / 每亩，比种植粮食收入还高。因此根据推测，该乡村地域的农业生产基本以自给自足为主，经济价值不高。而经济价值较高的水产养殖业由于需要一定的技术和资金门槛，农户很难白手起家，农户将土地租给渔业大户或渔业公司，靠收取租金获益。江南地区民营经济发达，制造业容纳了大量富余劳动力。即使居住在乡村的居民，真正从事农业的人口也十分稀少，农业已不再是村民的主要经济来源。

2. 华北平原

华北平原乡村景观上属于传统的农业景观，与过去变化不大。耕地占 90%，林地为绿化树种，其余均为聚落。耕地以大田作物为主，选取的研究区没有设施农业。根据软件统计，研究地域的耕地总面积为 10 831 800 平方米，聚落总面积为 844 353.83 平方米。耕地有效面积以 90% 计算，华北地区越冬作物为冬小麦，可达到一年两作；若不种植冬小麦，则荒置，为一年一作。通过对研究区农民的访谈，绝大多数的耕地采取冬小麦和晚玉米的耕作模式，春耕则为一季，种植春玉米、棉花和少量蔬菜。根据能够获知的周边辛集市统计数据，40% 的耕地为两作，60% 的耕地为一作，种植蔬菜、豆类、薯类、油料作物和棉花。具体比例按照表 3-3 估算。

表 3–3　华北平原耕地种植面积与单位产出关系表

	冬小麦、秋玉米	秋收粮食（扣除秋玉米）	豆类薯类	油料	棉花	蔬菜
统计面积（亩）	41 198	42 388	2 871	7 340	3 962	11 395
比例（%）	38	39	3	7	4	10
单位利润（元/亩）*	76.66、163.1	150	28.07	78.36	–683.67	2 232.06
总利润（元）	–533 691.45	950 490.45	13 682.19	89 121.88	–444 322.60	3 626 584.13

注：* 表示数据源自《全国农产品成本收益汇编 2017》，蔬菜收益以黄瓜计，数据取本省或邻省。

统计数据计算了家庭用工成本，因此，从计算数值上看收益很低，主要收益来自蔬菜，粮食几乎可以忽略不计。家庭用工以每亩 380~3 300 元不等，价格以投入劳动力的多少计算，如小麦的家庭用工比较少，而蔬菜则需要投入较大的劳动力。净利润几乎为零甚至负值的情况下，农民的收益主要来自自己的劳动收益，而农业收益与制造业相比没有优势。

根据聚落面积估算农业人口，取聚落面积的 80% 为有效面积，每户占地面积为 350 平方米，一户有两位老年人务农，从而估算区域农业人口约 3 860 人，人均农业利润不足 1 000 元。研究区处于地下水漏斗区，国家对种植节水作物（不种小麦）有补贴，每亩可达 500 元，因此，研究区的种粮积极性不高，处于自给自足或务工之余略有补贴的状态。

3. 黄土高原

黄土地区土地贫瘠，人烟稀少，耕地主要集中在河谷地区，山地中几乎没有耕地分布。根据对研究地域的访谈得知，当地人均山林可达 20 余亩，以杏扁、苹果、核桃、花椒和枣等林果产业为主。在遥感图上目视分辨出研究地块的户数约 218 户，约 436 人，因缺乏统计数据，根据访谈户均林业收益约 4 万余元。但考虑林果的结果期和风险性，年均收益约 2.5 万元，研究区域年均农业总收益约 545 万元。

4. 岭南地区

岭南乡村是我国人口最稠密的乡村地区，不仅聚落所占比例最高，而且聚落的房屋最密集，户均人口最多。聚落比例超过 10%，其余为耕地、林地和水域。岭南地区气候炎热、雨量丰沛、耕作精细，农业产出极高。研究地域属于国家级田园综合体试点，根据申报方案的数据，研究区的农业类型有水稻种植，葡萄、草莓、火龙果等大田水果种植，蜜柚、柑橘等林果种植，蔬菜种植，玫瑰、百合等苗木种植，以及水产养殖业，农业类型多样，农业附加值高。岭南地区农业可达到一年三熟或两年五熟，但根据调研，研究区内以两年五熟和蔬果四季常青均有产出为主要模式。在统计时，产出以一年两熟的水稻及两年一熟的马铃薯进行计算，见表 3-4。

表 3–4　岭南地区农业种养殖面积与单位产出关系表

项目	水稻	蔬菜	水果	苗木	林果	水产
比例（%）	45	35	13	7	778 亩	239 亩
单位利润（元 / 亩）①	334.24	2 039.45	1 500	2 200	1 862.5	3 300
总利润（元）	1 345 485.6	6 390 004.74	1 745 640	1 378 608	1 449 025	788 700

① 表示水稻、蔬菜、林果数据源自《全国农产品成本收益汇编 2017》，蔬菜收益以黄瓜计，林果以柑橘计，水果、苗木和水产来自调研数据，水果以火龙果计，水产以罗非鱼计，水稻计算了早稻、晚稻和一半的马铃薯。

除了耕地，研究区拥有 180 369.24 平方米的设施大棚，可折算为净利润 81.16 万元 / 年。通过数据估算，每年岭南地区的农业净利润约为 1 390.91 万元，与北方各乡村相比，农业产出值高，虽不及江南大闸蟹养殖利润高，但品种丰富，农业产业格局更为合理。

进一步估算研究地域的农业人口数量，聚落总面积为 5 968 182.14 平方米，有效面积取 80%，户均占地 150 平方米，户均农业人口 2 人，结果为 63 661 人。虽然农业收益很高，但由于人口稠密，户均耕地少，人均农业收入很低。研究地域距离南宁很近，有大量城里人到此租赁养老住房，因此人口结构发生了很大的变化。同时乡村旅游业的发展使农业产值进一步提升。

5. 东北平原

东北平原土地平坦、土壤肥沃、降水丰沛，是我国的粮食主产区，多种粮油品种产量位居全国第一。研究区聚落占比 6%，耕地则超过 90%，林地主要为行道树和田旁绿地。东北作物为一年一熟，生产期长，农产品品质很高，市场价格在国内一路领先。根据调研，研究区的主要生产农作物为玉米和大米，大棚以蔬菜种植为主。结合《哈尔滨市统计年鉴 2017》获取数据，种植比例赋值见表 3-5。

表 3–5　东北平原耕地种植面积与单位产出关系

种植作物	玉米	水稻	薯类	豆类	油料	饲料	蔬菜（大棚）
统计数据（亩）	421 743	50 537	10 810	2 604	7 878	12 168	—
折合比例 %	83	10	2	1	2	2	—
单位利润（元 / 亩）*	−378.56	270.30	−55.86	−259.97	301.18	无数据	2 977.18
总利润（元）	−5 706 318.932	490 895.749 4	−20 289.631 19	−47 213.528 66	109 395.473		223 849.13

* 表示数据源自《全国农产品成本收益汇编 2017》，蔬菜收益以黄瓜计，数据取本省或邻省。

根据宅基地的面积，取 90% 为有效面积，单个农户按照 2 000 平方米占地计算，则研究区内共有 364 户，户均 2 人，则为 728 人。根据利润测算，从事农业生产若不计自身劳动力，则略有盈余；若将劳动力计入，则处于亏损的状态。东北平原是我国农业机械化水平最高的地区，因此农业劳动力需要较少，未来这个趋势将更加明显，因此，农业劳动人口的外流和自然减少，有利于区域进一步的机械化，从而实现农业现代化的最终目标。

6. 贵州高原

贵州多山，村落依河谷布局，这里聚集着许多少数民族，农业生产方式顺应自然，乡村景观类型丰富。林地占 3/4，耕地占 15%，聚落占 2%，水体则有 4%。种植的作物为苗木、茶、水果、蔬菜等，粮食少有种植，耕地一般均用作经济价值较高的蔬菜种植，同时开辟山林种植水果。研究区内约有 327 亩耕地，以 90% 计算，则通过统计年鉴查证，每年的蔬菜种植利润为 5 057 315.67 元，大棚蔬菜种植利润为 45 079.07 元，水果以种植柑橘、蜜柚为主，面积约为耕地的 1/5，由此估算年利润为 805 755.258 元，因此研究区的整体农业年利润约为 5 908 150.00 元。

聚落总面积为 327 亩，以 0.9 为面积系数，300 平方米为每户的基底面积，则户数约为 655 户，户均 2~3 人，人口在 1310 人至 2 000 人之间。

7. 农业人地关系探讨

根据上述分析，乡村农业的主要收入来源为蔬菜、水果等经济作物种植以及水产养殖，传统的粮食、豆类及油料种植农民面临较大风险，但由于耕地使用性质的限制和农村人口的外流，农民的种田积极性很低。无论是农业利润较高的江南地区、岭南地区，还是耕地广阔、利润很低的东北平原，农业收入均无法供养如此之多的农业人口，即使提升农产品的品牌价值或装备水平也无法达到过去农耕时代的平衡。在估算中，以户数乘以户均人口作为人口估算的依据，然而，在调研中发现，空心村现象十分普遍，在农闲时，不少农民外出寻找生计，因此人口还有所高估。但也应该看到，岭南地区即使户均人口为 2 人，人口也十分惊人，调研中发现每户 3~4 个孩子是普遍现象，因此，如此稠密的人口还需要产业升级来进行调节。收益数据是减去投入劳动力的富余数据，即农户全部雇用外来劳动力进行农业生产剩余的利润，因此，基本的劳动投入还可以获取一定的收益，实际上，若不计算劳动力的折合，人均农业产值有较大幅度的提高（见表 3-6）。

表 3–6　六大典型乡村地区农业产值分析

项目	江南水乡	华北平原	黄土高原	岭南地区	东北平原	贵州高原
总人口（人）	6038	3860	436	63661	728	1310
总面积（平方米）	10 010 701.1	11 943 746.95	11 921 548.9	8 592 091.493	14 811 248.36	9 360 575.5
人口密度（人/千米^2）	603.154 558 3	323.181 662 9	36.572 428 94	7 409.255 366	49.151 832 6	139.948 660 2
农业总产值（万元）	2 777.9	370.2	545	1 390.9	–495.0	590.8
人均农业产值（万元）	0.46	0.10	1.25	0.02	–0.68	0.45

四、乡村景观空间格局特征

前文已经通过数据论证过各类乡村的人地关系，在物质空间层面，尝试采用景观指数进行评判，即通过各类景观要素的相互关系来验证乡村特征和人地关系状态。这里选取了 Fragstats 软件，软件分析的是上文中六类乡村地域的地类栅格图。

在 Fragstats 里设置相应参数，相关矩阵参数如下。

类型矩阵：

ID，Name，Enabled，IsBackground

1，forest，true，false

2，farmland，true，false

3，house，true，false

4，water，true，false

5，industry，true，false

6，facilites，true，false

7，wasteland，true，false

8，pool，true，false

边界矩阵：

FSQ_TABLE

CLASS_LIST_LITERAL（forest，farmland，house，water，industry，facilities，wasterland，pool）

CLASS_LIST_NUMERIC（1，2，3，4，5，6，7，8）

0，10，10，10，10，10，10，10

10，0，10，10，10，10，10，10

10，10，0，10，10，10，10，10

10，10，10，0，10，10，10，10

10，10，10，10，0，10，10，10

10，10，10，10，10，0，10，10

10，10，10，10，10，10，0，10

10，10，10，10，10，10，10，0

边界对比矩阵：

FSQ_TABLE

CLASS_LIST_NUMERIC（1，2，3，4，5，6，7，8）

0，0.2，0.4，0.6，0，0，0，0

0.2，0，0.2，0.4，0，0，0，0

0.4，0.2，0，0.2，0，0，0，0

0.6，0.4，0.2，0，0，0，0，0

0，0，0，0，0，0，0，0

0，0，0，0，0，0，0，0

0，0，0，0，0，0，0，0

0，0，0，0，0，0，0，0

（一）片区层面的景观格局特征

将乡村整体作为对象进行分析，可以得到各个乡村景观地域的整体特征。面积边缘的一些参数分析结果见表 3-7。

表 3–7　片区水平面积—边缘景观指数

乡村地域类型	总面积 TA	最大斑块指数 LPI	总边缘 TE	边缘密度 ED	面积加权斑块面积 AREA_AM	面积加权回转半径 GYRATE_AM
东北平原	1 481.24	90.83	55 797	37.67	1 223.63	1 433.26
贵州高原	936.04	75.82	105 670	112.89	544.08	1 011.07
华北平原	1 194.38	90.69	39 636	33.19	984.38	1 237.69
黄土高原	1 192.35	99.32	31 108	26.09	1 176.30	1 328.28
江南水乡	1 001.06	28.19	128 540	128.40	93.40	456.58
岭南地区	859.20	69.43	145 769	169.66	415.14	837.20

6 个景观指数之中，总面积是笔者截取的乡村景观面积，截取的多少

以完整的乡村地域为标准。LPI是占比最高的景观类型的面积。从数值可以看出，黄土高原、东北平原、华北平原比例较高，说明主导景观类型较为单一；而江南水乡主导景观指数仅为28.19%，说明景观类型多样，没有十分优势的景观类型。总边缘及边缘密度反映了地域景观斑块的细碎程度，因为景观越细碎，则边缘数量越多。该指数岭南地区最高，其次为江南水乡，再次为贵州高原。回转半径反映了斑块的“可利用”程度，斑块越完整越方便利用，从这个指数看出江南水乡和岭南地区人工开发程度很高，尤其是江南水乡，可大规模更新的程度不大（见表3-8）。

表3–8　片区水平形状景观指数

乡村地域类型	面积加权形状指数 SHAPE_AM	面积加权分形指数 FRAC_AM	面积加权周长面积指数 PARA_AM	面积加权近圆指数 CIRCLE_AM	面积加权聚集指数 CONTIG_AM	整体周长面积分形 PAFRAC
东北平原	3.57	1.16	64.75	0.48	1.00	1.13
贵州高原	7.91	1.26	212.56	0.59	0.99	1.18
华北平原	2.26	1.10	54.69	0.45	1.00	1.21
黄土高原	2.25	1.10	40.51	0.39	1.00	1.14
江南水乡	4.46	1.15	243.75	0.65	0.99	1.10
岭南地区	8.89	1.26	325.58	0.59	0.99	1.16

形状相关的景观指数表征景观形状的规则性和复杂性，表征规则性有分形和面积加权的分形指数，整体指数华北平原反而较高，主要原因是围绕村子的林地造成，其他景观类型差异不大。面积加权的分形指数更准确，其中岭南地区和贵州高原受到自然水系和山地丘陵的影响，指数较高，形状不规则；而江南水乡虽然水网密布，但大部分水网属人工疏导，较为规则；东北平原和华北平原属平原区，开发规则；黄土高原开发程度较低，形状指数也较规则。除聚集指数外，其余指数反映了景观格局的复杂性，这些指数指向的结果与面积边缘指标是一致的（见表3-9）。

表 3-9　片区水平核心面积指数

乡村地域类型	总和核心（斑块）面积 TCA	独立核心面积数量 NDCA	独立核心面积密度 DCAD	面积加权核心面积 CORE_AM	面积加权独立核心面积 DCORE_AM	面积加权核心面积比例 CAI_AM
东北平原	1 422.40	32.00	2.16	1 196.49	1 218.34	96.03
贵州高原	806.86	126.00	13.46	495.69	226.74	86.20
华北平原	1 151.77	66.00	5.53	971.08	993.34	96.43
黄土高原	1 168.67	56.00	4.70	1 160.17	1 167.44	98.01
江南水乡	830.36	251.00	25.07	75.91	50.25	82.95
岭南地区	673.48	390.00	45.39	361.64	385.75	78.38

核心斑块面积相关景观指数反映了景观主要斑块类型的面积、比例和分布情况。从结果来看，北方地区的东北平原、华北平原及黄土高原景观单一、有秩序，核心斑块类型比例高而分布相对集中（独立核心面积数量少）。其中，东北平原的景观最为单一和整齐。相反，南方地区三类乡村地域景观复杂，核心斑块类型比例低，且分布更为复杂。其中，贵州高原受到峡谷地形限制，在南方乡村地域类型中景观相对简单，江南水乡和岭南地区核心斑块类型所占优势度不高，且比较分散（见表 3-10）。

表 3-10　片区水平多样性景观指数

乡村地域类型	景观丰度 PR	景观丰度密度 PRD	香农多样性指标 SHDI	辛普森多样性指标 SIDI	修正的辛普森多样性指标 MSIDI	香农均匀性指标 SHEI	辛普森均匀度指标 SIEI	修正的辛普森均匀度指标 MSIEI
东北平原	5.00	0.34	0.39	0.17	0.19	0.24	0.21	0.12
贵州高原	7.00	0.75	0.81	0.40	0.51	0.42	0.46	0.26
华北平原	4.00	0.33	0.36	0.17	0.19	0.26	0.23	0.14
黄土高原	3.00	0.25	0.04	0.01	0.01	0.04	0.02	0.01
江南水乡	8.00	0.80	1.47	0.72	1.27	0.71	0.82	0.61
岭南地区	6.00	0.70	1.02	0.49	0.67	0.57	0.59	0.37

多样性指数反映了景观整体类型的丰富与单一。丰度是体现景观类型多寡的指标，类型数量越多，丰度则越大。综合来看，南方乡村景观类型比北方乡村景观类型丰度要大，平均丰度类型数也要大。多样性指标越大则表示景观整体类型越丰富，南方乡村景观多样性指标很大，景观丰富，从而视觉景观效果较好。北方地区华北平原和东北平原类似，但均高于黄土高原。景观均匀性体现了达到最大多样性的可能性，均匀性越大表明在给定丰度下景观越丰富。这个指标与多样性指标得到的结论大体一致，江南水乡景观最为复杂多样，黄土高原最为单一（见表 3-11）。

表 3-11　片区水平聚散性景观指数

乡村地域类型	斑块相似度 PROX_AM	欧几里得距离 ENN_AM	蔓延度 CONTAG	相邻百分比 PLADJ	散布与并列指数 IJI	连接度 CONNECT	整体性 COHESION	分割指数 DIVISION	有效粒度尺寸 MESH	破碎化 SPLIT	集聚度 AI	斑块密度 PD
东北平原	16.54	7.99	87.47	99.84	41.90	19.13	99.98	0.17	1 223.63	1.21	99.88	2.63
贵州高原	46.71	29.06	78.34	99.47	44.63	16.08	99.97	0.42	544.08	1.72	99.53	10.47
华北平原	8.37	40.59	86.63	99.86	64.70	3.78	99.97	0.18	984.38	1.21	99.90	3.60
黄土高原	0.09	0.15	97.89	99.90	7.96	1.57	99.98	0.01	1 176.30	1.01	99.93	11.49
江南水乡	409.26	47.85	63.64	99.39	63.74	5.70	99.89	0.91	93.40	10.72	99.46	16.58
岭南地区	270.49	21.68	70.03	99.19	66.17	2.25	99.94	0.52	415.14	2.07	99.25	32.94

景观层面的聚散性指标主要描述在整体上景观斑块与周边斑块的相互关系。斑块相似度，同类斑块聚集则取值大。欧几里得最近距离表示了在

一定规则下每一个景观斑块到最近斑块的距离均值。蔓延度越大表明某类的大斑块延伸越广。相邻百分比随着同类斑块的数量增加而增加。散布与并列指数描述了某类斑块与其他类型连接的数量，连接类型越多则数值越大。连接度表明了同一斑块类间的连通程度。分离度则反映了某斑块类分离的程度。有效粒度尺寸和破碎化指标则表明景观的综合破碎化程度。这些聚散性指标表明了两个方面，一方面是景观整体的破碎化及聚集性，另一方面为景观内各斑块类的聚散综合水平。将这些指标综合来看，黄土高原的人为干扰极少，江南水乡的开发程度最高，景观基本呈现由北向南逐渐破碎化的趋势（见表 3-12）。

表 3-12　片区水平景观多样性指标

乡村地域类型	斑块丰度 PR	斑块丰度密度 PRD	相关斑块丰富 RPR	香农多样性指数 SHDI	辛普森多样性指数 SIDI	修正的辛普森多样性指数 MSIDI	香农均匀度指数 SHEI	辛普森均匀度指数 SIEI	修正的辛普森均匀度指数 MSIEI
东北平原	5.00	0.34	5.00	0.39	0.17	0.19	0.24	0.21	0.12
贵州高原	7.00	0.75	7.00	0.81	0.40	0.51	0.42	0.46	0.26
华北平原	4.00	0.33	4.00	0.36	0.17	0.19	0.26	0.23	0.14
黄土高原	3.00	0.25	3.00	0.04	0.01	0.01	0.04	0.02	0.01
江南水乡	8.00	0.80	8.00	1.47	0.72	1.27	0.71	0.82	0.61
岭南地区	6.00	0.70	6.00	1.02	0.49	0.67	0.57	0.59	0.37

多样性指标描述了乡村景观类型的多样性和在给定丰度下的分布均匀性。这些指标相互之间有一定关联性。类型越多则多样性指标越高；斑块拼接越细碎，则表示分布越均匀，均匀性指标越高。由此可见，江南水乡多样性水平和均匀性水平最高，其次为岭南地区，贵州高原次之。北方乡村景观多样性指标均较小，华北平原高于东北平原，黄土高原最小。

（二）类型层面的景观格局

在不同乡村景观之中，某些景观类型的特征决定和呈现着区域的特征，因此这些景观类型的格局便显得十分重要。在此将各类乡村景观中的代表性景观进行景观指数的运算，从而识别出不同景观类型在不同地域的分布差异性。

1. 聚落

聚落是人的生活场所，景观特征在一定程度上决定了人们的生活状态。分散或集中、错落或规整、滨水或傍山，在某种地域环境之下，人类靠自身智慧利用和改造自然环境，创造了自身的栖息之所。仅就聚落而言，呈现出与整体景观相异的景观指标。聚落占比表示了生活空间与生产生态空间的关系，华北平原、江南水乡和岭南地区占比超过6%，岭南地区甚至可达10%，反映了一定的人地矛盾。东北平原、贵州高原和黄土高原则占比依次降低，反映出人地矛盾的逐步缓解。边缘密度表征聚落规则的程度，江南水乡和岭南地区不规则，可以说景观斑块互相镶嵌，而东北平原最为规整。而这种规整与否与自然环境是紧密相关的，回转半径反映的是可利用最大斑块的水平，平原地区情况最好，而黄土高原支离破碎，人们只能择地而居，显得十分分散。还有一个比较重要的指数是散布与并列指数，反映出聚落与多少景观相连接，从这个意义上看，华北平原、贵州高原、江南水乡、岭南地区聚落周边营造出宜人的丰富的景观类型，华北平原聚落与农田之间往往以高大的乔木分隔，东北平原则面对良田千顷，黄土高原本身的地形起落为生活创造了独特的意境。

2. 耕地与水体

耕地的多寡影响了乡村地域可供养的人口，也影响着农业产业开展的规模。根据耕地比例与耕地边缘密度两个指标对比的结果，在五种耕地地域中，贵州高原的耕地最为细碎，且分散，总体规模也不大，如此稀少的耕地却供养着数量十分庞大的人口，西南地区乡村经济统计指标也印证了这一点，这些地区是我国最贫困的地区之一。江南水乡比例虽低，但除了耕地还有大量水田。岭南地区耕地比例较高，但形状也十分不规则。而水体对于岭南地区和贵州高原来说是景观要素的一种，对江南水乡而言是景观存在的基底，因此对不同地域环境有着不同的生态含义（见表 3-13 至表 3-15）。

表 3–13　乡村景观中聚落类型景观指数

指数缩写	指数名称	东北平原	贵州高原	华北平原	黄土高原	江南水乡	岭南地区	指标含义
CA	总面积	82.901	21.847	84.447 1	7.676	67.912 5	90.949 9	耕地面积和比例
PLAND	斑块景观比例	5.5967	2.334	7.0704	0.643 8	6.784	10.585 5	
NP	斑块数量	8	20	8	135	53	50	斑块数量和内部关系
LPI	最大斑块指数	2.377	0.520 1	3.289 7	0.033 1	0.647 6	1.082 9	
TE	总边缘	14 098	12 676	16 532	16 896	36 636	42 338	边缘指数
ED	边缘密度	9.517 7	13.542 2	13.841 5	14.170 3	36.597 1	49.276 3	
AREA_AM	面积加权斑块面积	25.896 1	2.730 3	28.331	0.103 4	2.706 5	3.929 7	形状指数
GYRATE_AM	面积加权回转半径	223.951	78.891 6	229.271 8	13.749 1	90.648 2	90.573 2	
SHAPE_AM	面积加权形状指数	1.695 6	1.921 4	2.261 6	1.438 7	1.873 8	1.911 1	
FRAC_AM	面积加权分形指数	1.085 9	1.128 7	1.130 3	1.107 5	1.120 9	1.120 8	
PARA_AM	面积加权周长面积指数	170.058 3	580.217	195.767 5	2 201.146 4	539.458 9	465.509	
CIRCLE_AM	面积加权近圆指数	0.631 7	0.652 7	0.555 7	0.531 6	0.718 7	0.604 1	
CONTIG_AM	面积加权聚集指数	0.995 2	0.983 5	0.993 8	0.937 4	0.984	0.986 6	
PAFRAC	整体周长面积分形	N/A	1.241 1	N/A	1.200 6	1.178 4	1.248 4	

续表

指数缩写	指数名称	东北平原	贵州高原	华北平原	黄土高原	江南水乡	岭南地区	指标含义
TCA	总和核心（斑块）面积	72.582	12.935 8	70.394 9	0.433 2	40.164 8	60.414 2	核心板块
CPLAND	核心斑块占比	4.900 1	1.382	5.893 9	0.036 3	4.012 2	7.031 5	
NDCA	独立核心面积数量	8	26	15	50	58	66	
DCAD	独立核心面积密度	0.540 1	2.777 7	1.255 9	4.193 4	5.793 8	7.681 6	
CORE_AM	面积加权核心面积	23.454 2	1.832 2	24.158 7	0.011	1.755 8	2.814 1	
DCORE_AM	面积加权独立核心面积	24.288 2	2.123 3	24.567 8	0.034	1.958	3.051 7	
CAI_AM	面积加权核心面积比例	87.552 6	59.210 9	83.359 8	5.643 6	59.142	66.425 8	
PROX_AM	斑块相似度	218.477 1	27.426 4	34.577	13.452 6	201.625 8	74.864 5	与其他地类斑块的关系
ENN_AM	欧几里得距离	42.533 2	34.629	551.567 2	23.662 3	23.825 3	43.085 4	
IJI	散布与并列指数	7.720 2	32.417 3	66.138 3	0	57.679 7	50.500 2	

表 3–14　乡村景观中耕地类型景观指数

指数缩写	指数名称	东北平原	贵州高原	华北平原	江南水乡	岭南地区
CA	总面积	1 345.432 3	143.875 1	1 083.17	186.691 2	596.801
PLAND	斑块景观比例	90.831 3	15.370 7	90.689 1	18.649 3	69.460 4
NP	斑块数量	12	38	1	29	29
LPI	最大斑块指数	90.830 1	5.909 4	90.689 1	3.629	69.426 8
TE	总边缘	55 218	58 910	29 796	43 132	116 758
ED	边缘密度	37.278 2	62.935 5	24.946 9	43.086 3	135.892 1
AREA_AM	面积加权斑块面积	1 345.397 1	28.791 4	1 083.17	16.525 4	596.225 3
GYRATE_AM	面积加权回转半径	1 558.699 6	289.682 3	1 344.605	168.495 4	1 166.651
SHAPE_AM	面积加权形状指数	3.739 7	3.398 6	2.263 1	1.764 2	11.877 1

续表

指数缩写	指数名称	东北平原	贵州高原	华北平原	江南水乡	岭南地区
FRAC_AM	面积加权分形指数	1.160 7	1.195 1	1.100 9	1.096	1.317 2
PARA_AM	面积加权周长面积指数	41.041 1	409.452 4	27.508 1	231.033 9	195.639 8
CIRCLE_AM	面积加权近圆指数	0.457 6	0.777 5	0.437 5	0.583 2	0.566 1
CONTIG_AM	面积加权聚集指数	0.998 8	0.988 4	0.999 1	0.993 1	0.994 3
PAFRAC	整体周长面积分形	1.207 7	1.424 2	N/A	1.232 9	1.313
TCA	总和核心（斑块）面积	1 315.719 3	101.773 9	1 068.862 6	154.002 2	520.046 2
CPLAND	核心斑块占比	88.825 4	10.872 8	89.491 2	15.383 9	60.527
NDCA	独立核心面积数量	4	62	3	33	56
DCAD	独立核心面积密度	0.27	6.623 7	0.251 2	3.296 5	6.517 7
CORE_AM	面积加权核心面积	1 315.702 1	23.829	1 068.862 6	14.420 1	519.678 8
DCORE_AM	面积加权独立核心面积	1 315.698 7	27.471 7	1 068.747 4	15.224 9	498.828 9
CAI_AM	面积加权核心面积比例	97.791 6	70.737 7	98.679 1	82.490 3	87.139
PROX_AM	斑块相似度	1.195 6	49.668	0	152.844	357.970 2
ENN_AM	欧几里得距离	4.242 6	43.215 3	N/A	32.751 1	2.236 9
IJI	散布与并列指数	64.770 8	23.599 7	62.311 1	67.627 2	82.775 3

表 3-15　乡村景观中水体类型景观指数

指数缩写	指数名称	贵州高原	黄土高原	江南水乡	岭南地区
CA	总面积	43.172 4	0.379 2	282.625 4	39.888 9
PLAND	斑块景观比例	4.612 3	0.031 8	28.232 6	4.642 6
NP	斑块数量	2	1	18	67
LPI	最大斑块指数	3.854 8	0.031 8	28.193 1	0.627 6
TE	总边缘	19 908	298	80 864	28 276
ED	边缘密度	21.268 4	0.249 9	80.7782	32.909 8
AREA_AM	面积加权斑块面积	31.321 4	0.379 2	281.835 7	1.687 4

续表

指数缩写	指数名称	贵州高原	黄土高原	江南水乡	岭南地区
GYRATE_AM	面积加权回转半径	846.537 1	24.505 8	1158.772 1	63.086 1
SHAPE_AM	面积加权形状指数	6.384 6	1.201 6	11.591 1	1.659
FRAC_AM	面积加权分形指数	1.284 8	1.046 2	1.330 2	1.102 6
PARA_AM	面积加权周长面积指数	461.127 9	785.865	286.117 2	708.868 9
CIRCLE_AM	面积加权近圆指数	0.908 4	0.455 8	0.800 6	0.651 8
CONTIG_AM	面积加权聚集指数	0.987 3	0.977 1	0.991 5	0.979 6
PAFRAC	整体周长面积分形	N/A	N/A	1.402	1.220 1
TCA	总和核心（斑块）面积	28.640 2	0.176 3	224.927 2	20.666 3
CPLAND	核心斑块占比	3.059 7	0.014 8	22.468 9	2.405 3
NDCA	独立核心面积数量	8	1	95	69
DCAD	独立核心面积密度	0.854 7	0.083 9	9.489 9	8.030 8
CORE_AM	面积加权核心面积	20.592 9	0.176 3	224.553 5	1.079 3
DCORE_AM	面积加权独立核心面积	19.619 1	0.176 3	134.980 2	1.371 9
CAI_AM	面积加权核心面积比例	66.339 1	46.492 6	79.584 9	51.809 7
PROX_AM	斑块相似度	0	0	273.809 3	8.765 2
ENN_AM	欧几里得距离	287.445 6	N/A	2.219 1	110.515 8
IJI	散布与并列指数	24.121 9	0	61.452 5	48.724 9

第四章　重生与振兴：乡村现代产业发展实践

因农而生谓之乡，随着时代和产业的创新，农村产业的深度与广度均有了显著的变化。第一产业是乡村的特色，而工业和服务业同样可以根植于乡村，形成具有地域特征的乡村特色产业。因此，不能以三大产业的类型来划分是不是乡村的产业，而应注重某产业是否能够根植于乡村，体现乡村的优势和特色。从这个层面上看，乡村既可以发展第一产业，也能够发展第二、第三产业。本章将梳理适合在乡村地区发展的产业类型，通过数据论述产业发展状况和未来前景，并辅以案例进行说明。

一、乡村第一产业

第一产业是乡村赖以存在和发展的基础。如果失去第一产业，那么乡村则会失去“乡村性”，即使在景观上有乡村的特征，居民均为农村户口，也不能成为真正意义上的乡村。但长期以来，我国经济结构中城乡存在剪刀差，我国农民人口众多，人均耕地不足，仅依靠第一产业无法致富甚至无法养活日益增长的人口。但即使如此，农业仍旧是乡村的主导产业。乡村地域产业主要包括种植业、畜牧业、林业和渔业。

（一）种植业

种植业即通过种植作物而获得收益的产业类型。根据种植作物的不同，还可以将种植业进行细分。种植业提供了粮食、蔬菜、水果、药材、茶叶等植物产品，是居民生活不可或缺的产业，又为相关产业提供了原材料。目前种植业产值在农业各门类中位居第一，占我国第一产业的 50% 以上。

1. 粮食种植

在我国能够被称为粮食的作物主要包括谷物作物、薯类作物、豆类作物。谷物作物有小麦、水稻、玉米、燕麦、黑麦、大麦、谷子、高粱、青稞等。薯类作物有土豆和甘薯。豆类作物包含大豆、蚕豆、豌豆、绿豆、红豆、鹰嘴豆等。粮食作物能够提供碳水化合物，即热量，是维持生命的最主要能量来源，因此粮食种植是种植业中最主要的内容（见图 4-1）。

图 4–1　水稻和谷子

注：吉林德惠、河北枣强，笔者摄于 2018 年 7—8 月。

小麦、水稻、玉米是粮食种植中最主要的类型。各地区种植粮食作物的种类是根据当地的气候和地理特征而选择。如我国的小麦主产区在河南、河北、山东、安徽、山西、山东、湖北、江苏、四川、陕西等省份。根据气候带不同有春小麦、冬小麦等不同种植方式。我国的水稻分布十分广泛，从黑龙江到海南均有大规模种植。但由于水稻需水量大，干旱地区引导种植其他耐旱作物。我国最主要的水稻产区为岭南地区、长江中下游平原和四川盆地。其中长江流域水稻产量最集中，如江汉平原、洞庭湖平原等。此外，东北地区是我国优质稻米的重要产区，种植面积约占 10%。玉米主要分布在东北三省，西北的山西、陕西、宁夏、甘肃、内蒙古，黄淮海地区的河北、河南、山东、安徽、江苏等地区。

部分谷类作物种植受到限制产量比较少，是特色的乡土粮食作物。燕麦主要分布在内蒙古、山西、云南、四川等地。青稞分布于青藏高原及四川云南等地区。山西和河北西北部将燕麦称为“莜麦”，由莜麦而制作的莜面窝窝、莜面鱼鱼成为带有地域特征的美食，这是当地人家家户户餐桌上的主食。青藏高原由于气候恶劣，种植业产量很低，青稞耐寒耐旱，是当地最主要的粮食作物。青稞酒、青稞饼、青稞锅盔等在藏地是不可或缺的美味食品。

豆类作物中，大豆产量约占其他豆类的 78%。豆类作物主要分布在我国的东部地区，其中东北三省产量最高。但由于收益和国际竞争问题，虽然我国是豆类消费大国，却产量连年下降，目前大量依靠进口。薯类以甘薯为主，分布在岭南、长江中下游、四川盆地和黄河中下游地区，马铃薯主要分布在内蒙古和东北三省。

我国自 2004 年始实施粮食最低收购价政策，后又实施临时收储政策。这些政策极大地调动了农民的种粮积极性，是我国粮食 12 年来年年增产的重要保障，2003 年粮食总产量只有 8 614 亿斤，到 2015 年粮食总产量达到了 12 429 亿斤。年产量提高了 3 800 多亿斤（见图 4-2）。

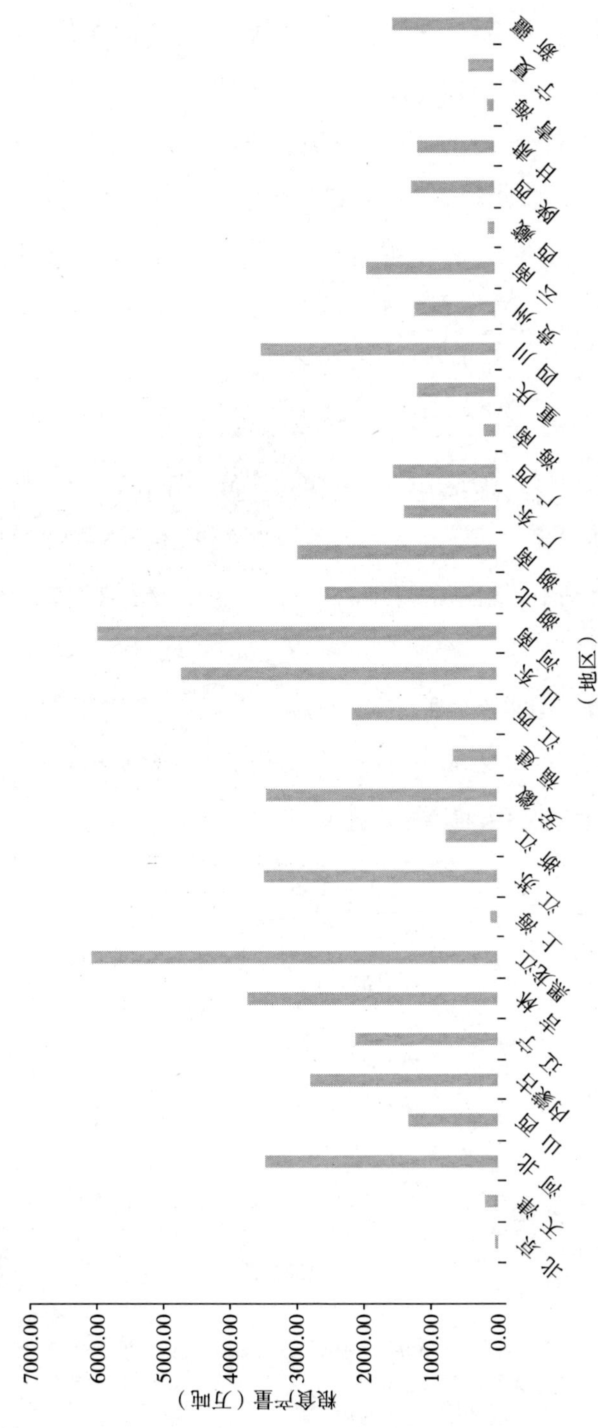

图 4-2　2016 年全国各省市粮食产量

注：据《贵州省统计年鉴 2017》整理。

从2016年开始虽然数量保持高位，但我国粮食总产量呈现下降趋势。粮食涉及国家安全问题，是必须保障且稳定的产业。但近年来粮食种植成本高企，由于国家定价机制使得国内粮食价格已经高于国际主要粮食价格，而农业补贴受到WTO规则的限制，已经到达天花板，体系外市场上充斥着低价的进口粮食。粮食经济价值较低，近年来种植面积日益缩减，历史上著名的鱼米之乡已经罕见粮食大规模集中种植。粮食产值过高也存在一些问题，例如大量占用生态用地（河滨、湖滨、林地、草原等），过多消耗地下水，高产作物品质不高等。

未来发展粮食种植业应关注三个方面。首先，提升农业补贴的方式和力度。为了保护国内的粮食安全，很多国家对粮食种植的补贴力度很大，虽然WTO规则规定补贴不能超过产值的8.5%，但可以通过农业基础设施、农业资源环境、农业产业政策等方面提升补贴力度。其次，加大政府投入农业基础设施的力度、加大农业新品种的研发和推广力度、提升农业技术服务水平，不断提高产量和品质，尤其对于进口量较大的玉米、大豆等品种。最后，推动粮食种植的机械化水平，提高生产效率，从而提升产量（见图4-3、图4-4）。

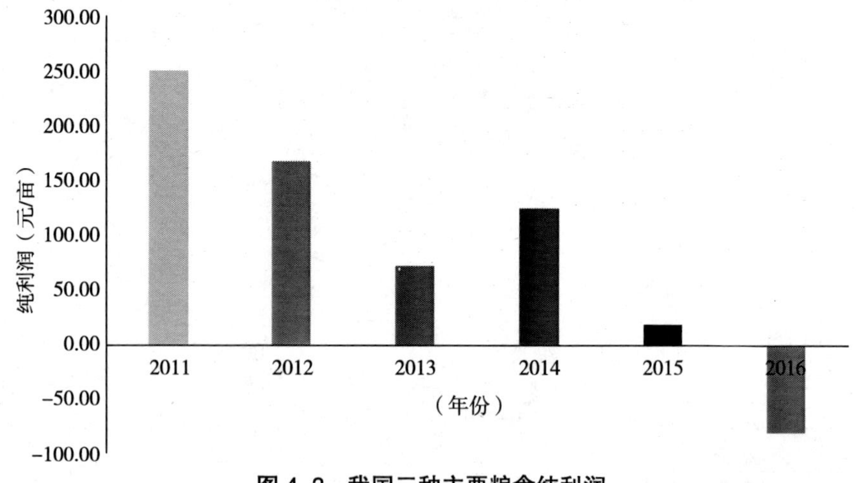

图4-3　我国三种主要粮食纯利润

注：据《全国农产品成本收益资料汇编2017》。

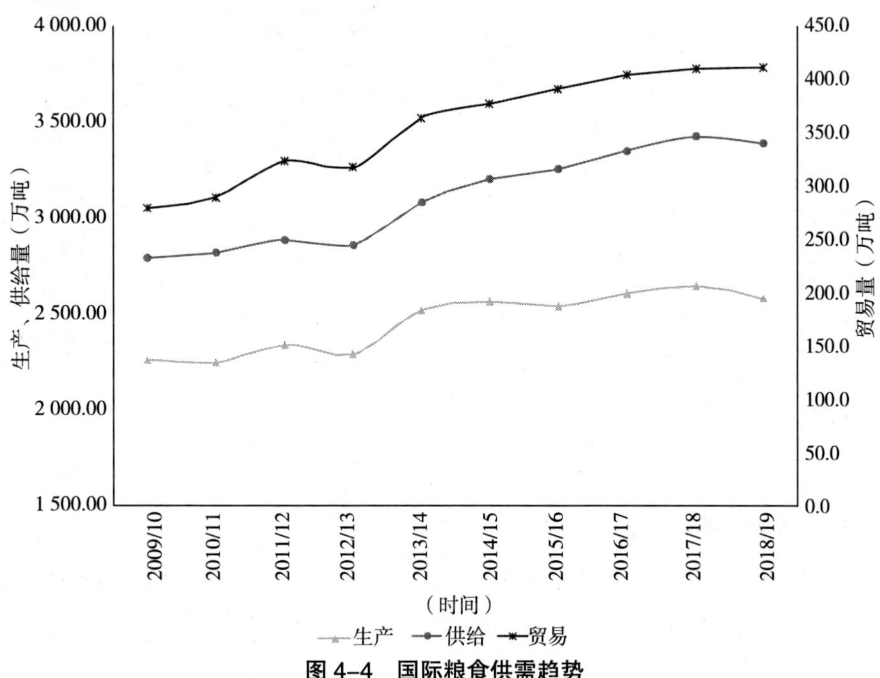

图 4-4　国际粮食供需趋势

注：据国际粮农组织网站。

2. 蔬菜种植

我国是世界第一蔬菜生产和消费大国。2016 年蔬菜种植面积 33 492.42 万亩，全年蔬菜产量 79 779.7 万吨。过去十年，我国蔬菜种植呈稳定增长态势。蔬菜是重要的农产品，蔬菜产业是保障居民生活的重要产业。我国主要有华南热区冬春蔬菜、长江中上游冬春蔬菜、黄土高原夏秋蔬菜、云贵高原夏秋蔬菜、黄淮海与环渤海设施蔬菜、东南沿海出口蔬菜、西北内陆出口蔬菜、东北延边出口蔬菜共八大优势区域，呈现栽培品种互补、上市档期不同、区域协调发展的格局（据《全国蔬菜重点区域发展规划 2009—2015 年》）。随着农田基础设施的建设，设施农业在蔬菜种植中占比提升，根据《全国设施蔬菜重点区域发展规划（2015—2020 年）》，全国设施蔬菜区域划分为东北温带区、黄淮海与环渤海暖温区、西北温带干旱与青藏高寒区、长江流域亚热带多雨区、华南热带多雨区共五个设施蔬菜种植重点区（见图 4-5、图 4-6）。

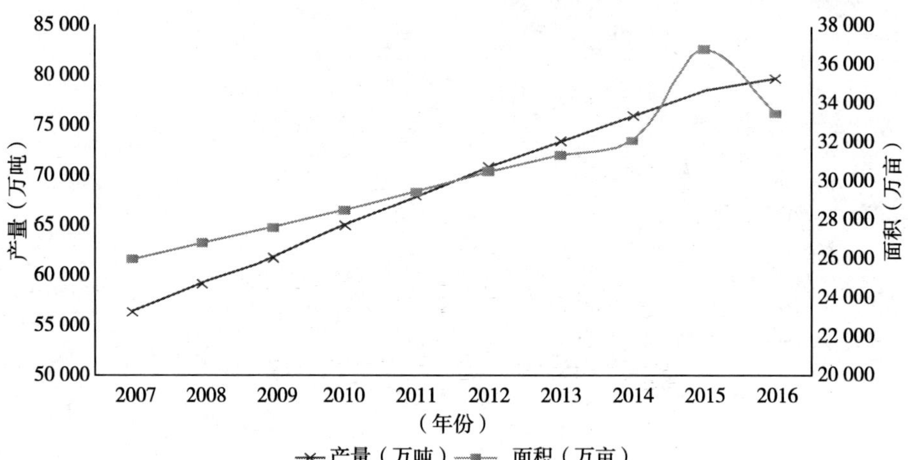

图 4-5　我国近十年蔬菜产量与播种面积

注：据农业部种植业管理司数据整理。

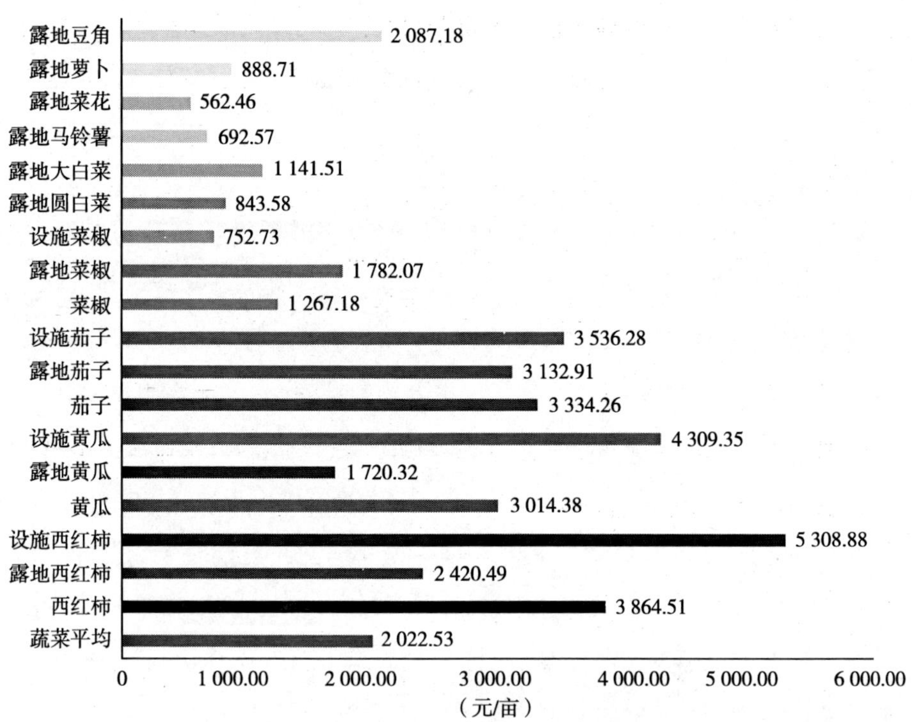

图 4-6　2016 年蔬菜种植每亩净利润

注：据《全国农产品成本收益资料汇编 2017》。

与粮食相比，蔬菜的亩均净利润远远高于粮食作物，因此，蔬菜产量近年来已经高于粮食产量，并有扩大态势。蔬菜除露天种植之外，还可通过提升设施水平提升蔬菜产量。如设施西红柿的亩均利润约为露地西红柿的 2 倍，而设施菜椒和设施黄瓜的亩均利润约为露地菜椒和露地黄瓜的 2.5 倍。有了设施种植方式，避免冬寒冻和夏高温，一年多番轮作，大大提高了产量，缩小了地域限制。根据笔者在浙江太湖南岸地区的调查，一个 70 岁的农民种植冷棚（即没有温控设备的大棚）蔬菜，有简单的手持农机，一年的收入近 10 万元（见图 4-7）。

图 4–7　简单的设施冷棚

注：笔者摄于浙江湖州潘塘桥村 2016 年 4 月。

与粮食种植相比，蔬菜市场价格有较大的不确定性，无论是农业保险还是农业补贴都较小，农民面临较大风险。为了鼓励农民提升农地的设施水平，以省级为单位出台农田水利设施和大棚建设的补贴政策。例如北京市的补贴水平能够达到投入的八至九成，浙江大约能达到成本的五成（见图 4-8、图 4-9）。

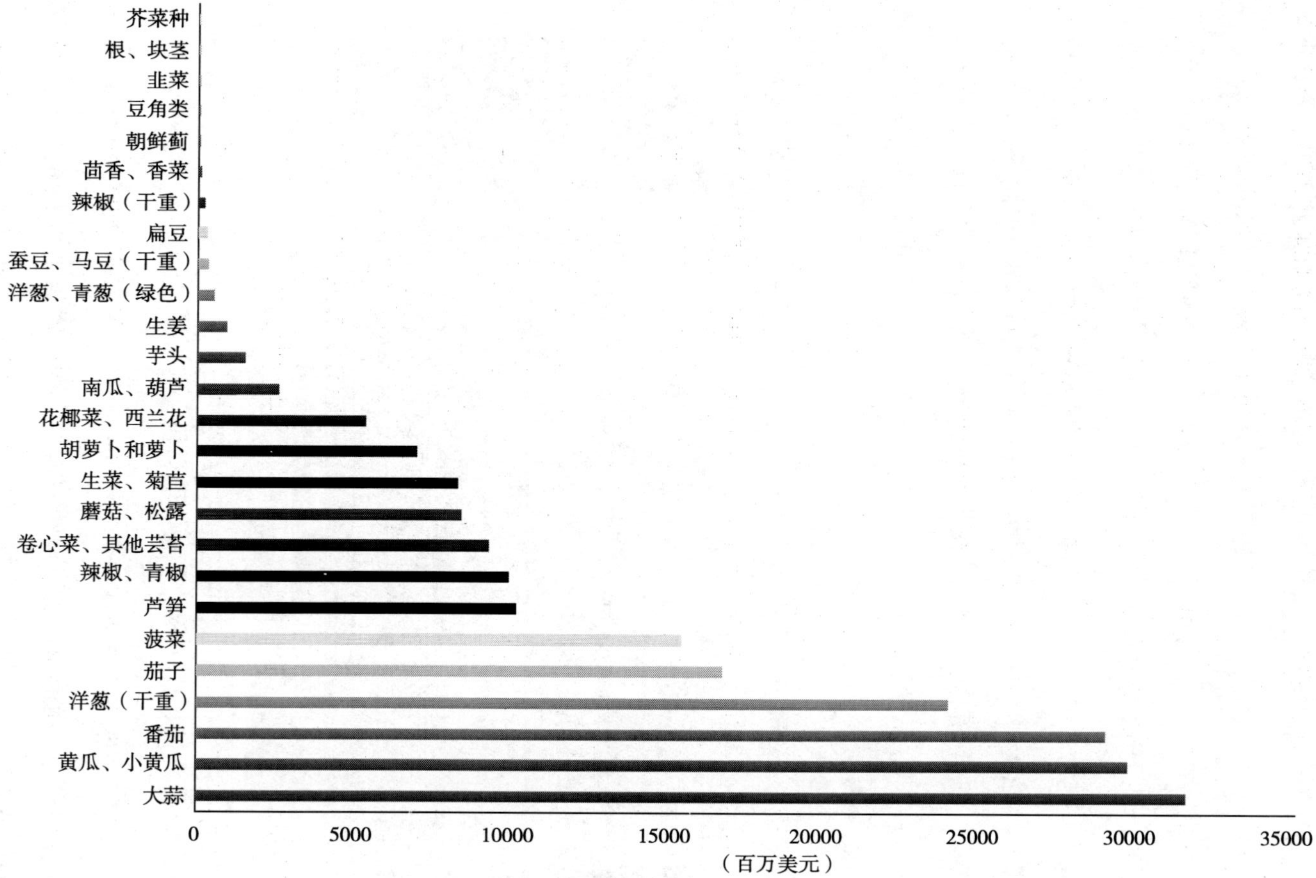

芥菜种
根、块茎
韭菜
豆角类
朝鲜蓟
茴香、香菜
辣椒（干重）
扁豆
蚕豆、马豆（干重）
洋葱、青葱（绿色）
生姜
芋头
南瓜、葫芦
花椰菜、西兰花
胡萝卜和萝卜
生菜、菊苣
蘑菇、松露
卷心菜、其他芸苔
辣椒、青椒
芦笋
菠菜
茄子
洋葱（干重）
番茄
黄瓜、小黄瓜
大蒜

0 5000 10000 15000 20000 25000 30000 35000

（百万美元）

图 4-8 2016 年我国蔬菜种植主要品种产值

注：据国际粮农组织网站数据绘制。

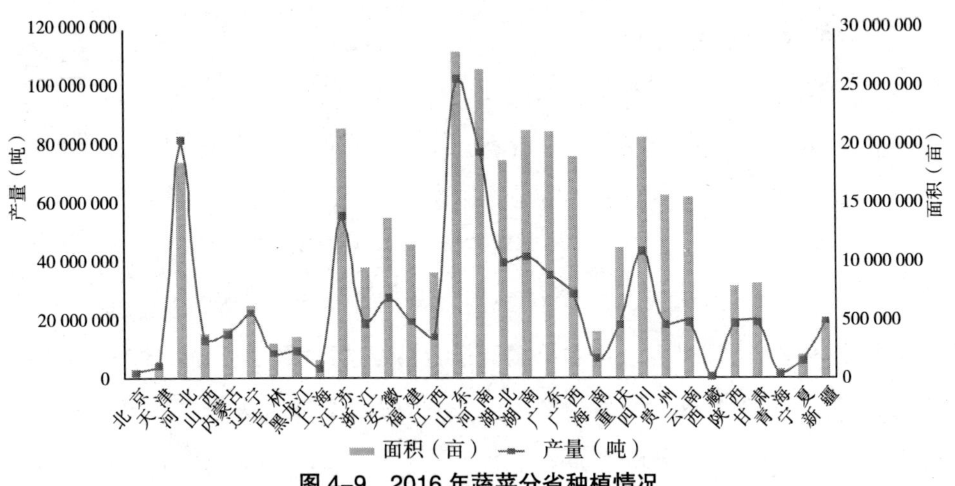

图 4-9　2016 年蔬菜分省种植情况

注：据农业部种植管理司网站数据绘制。

蔬菜的种植方式需要更多的技术指导，种植过程需要农民投入更多精力，病虫害和洪涝灾害等风险因素较多。蔬菜易腐烂难运，物流要求高，如某些蔬菜品种和特定季节需要冷链运输，因此，从成熟到销售时间紧迫，若错过销售黄金期农民便会血本无归。蔬菜种植需要首先考虑销售市场，是否有较为成熟的收购体系，如某类蔬菜主产区，靠近蔬菜批发市场，或者种植地区距离蔬菜消费地很近，能够区内消费。

我国是蔬菜出口大国，2016 年蔬菜出口量为 827 万吨，约为总产量的 1/10，主要供应的国家和地区有韩国、日本、中国香港等东亚地区、东盟国家、美国及欧洲。出口蔬菜主要为冷冻蔬菜及易存储的块茎和加工蔬菜，出口蔬菜虽然利润较高，但对蔬菜品质有很高的要求。同时需要鲜活农产品加工产业链配套，还会受到国际贸易环境干扰。例如日本曾在 2015 年修订《食品卫生法》部分杀菌和存储条款，2017 年又修订了农药残留标准，这些政策的变化，对蔬菜的种植和行业管理提出了更高的要求。首先要建立规范安全的标准化生产体系，农药选择的品种需要避免出口国禁止的类型。其次要加大科技扶持力度，地方检测标准的要求更精准。

3. 水果种植

水果种植业指的是在专门的果园内种植果品的产业，并非林地内种植经济作物的产业。我国水果种植业获得了长足发展，产量十年内增长了近八成，种植品种也极大丰富。据农业部数据，2016 年我国水果消费 2.71 亿吨，人均水果消费约 32 千克，国务院办公厅印发《中国食物与营养发展纲要（2014—2020 年）》预测，2020 年我国水果人均消费量将达到 60 千克，而这个数值基本达到世界人均水果消费量，与发达国家人均消费 100 千克相比还有较大提升空间。随着经济生活水平的提高，长期来看，水果种植产业还能有增长空间，可保持一个相对稳定的增长态势（见图 4-10）。

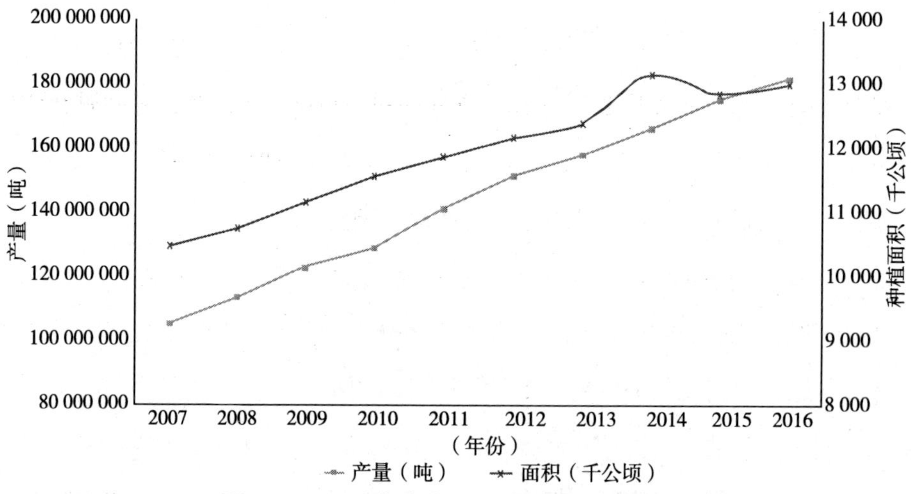

图 4–10 近十年来水果种植面积与产量趋势

注：据农业部种植管理司网站数据绘制。

北方的苹果和南方的柑橘平分秋色。苹果产量最高，达到 4 388.2 万吨，占全国水果总产量的 24.2%；种植面积 3 485.7 万亩，比排名第一的柑橘少 355.5 万亩。柑橘总产量 3 764.9 万吨，暂居第二（据《中国农业统计资料 2017》）。根据世界粮农组织的网站数据显示，西瓜产值最高（西甜瓜在部分统计口径内算作蔬菜），苹果第二，葡萄第三，柑橘第四。其他产值较高的水果种类依次为桃、梨、香蕉、草莓、芒果山竹番石榴、李子、柠檬、橙子、柚子和柿子，如图 4-11 所示。

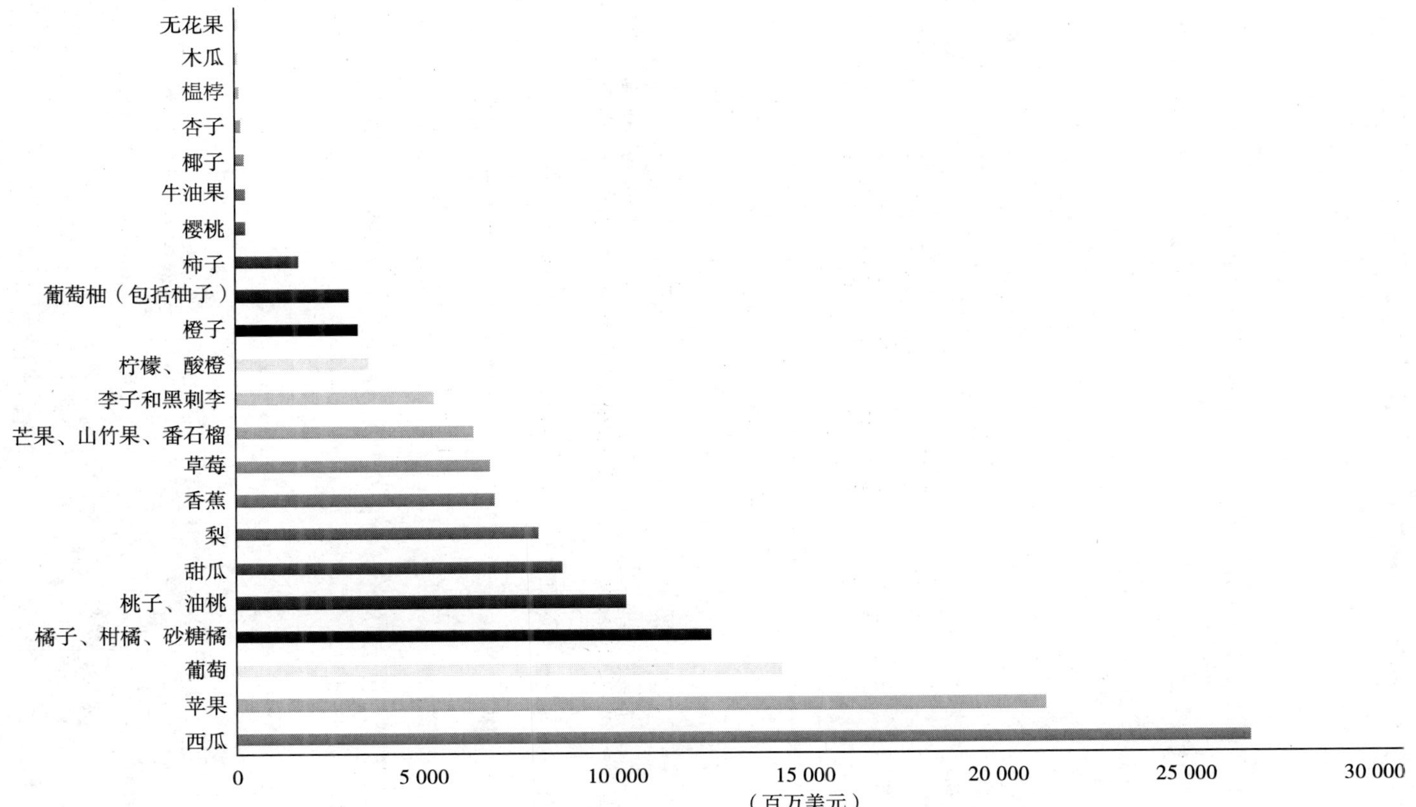

图 4–11　2017 年主要水果品种产值

注：据世界粮农组织网站数据绘制。

我国是苹果种植大国，产量与种植面积均为世界第一，占世界份额在40% 以上。我国的土壤、光照、气候均适合苹果种植。中国苹果有五大产区：黄土高原产区（陕西、山西、甘肃）、渤海湾产区（山东、河北、辽宁）、黄河故道产区（安徽、江苏、河南）、西南冷凉高地产区（云南、四川、贵州、西藏）、新疆产区。其中，黄土高原与环渤海湾占比最高。我国苹果种植产业对应的需求侧为鲜食需求与果汁需求（见图 4-12）。

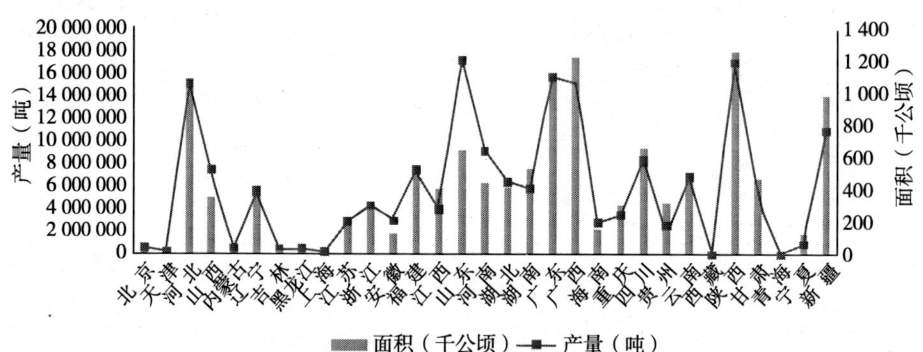

图 4–12　2016 年水果分省种植情况

注：据农业部种植管理司网站数据绘制。

在我国，柑橘类水果（统计口径包含柑橘、橙子、柠檬、柚等类型）主要分布在秦岭—淮河一线以南地区，栽培柑橘的省（区、市）有 20 多个，但主要集中在湖南、广西、江西、广东、四川、湖北、重庆、福建、浙江等 9 个省（区、市），常年产量占全国的 95% 以上（见图 4-13）。

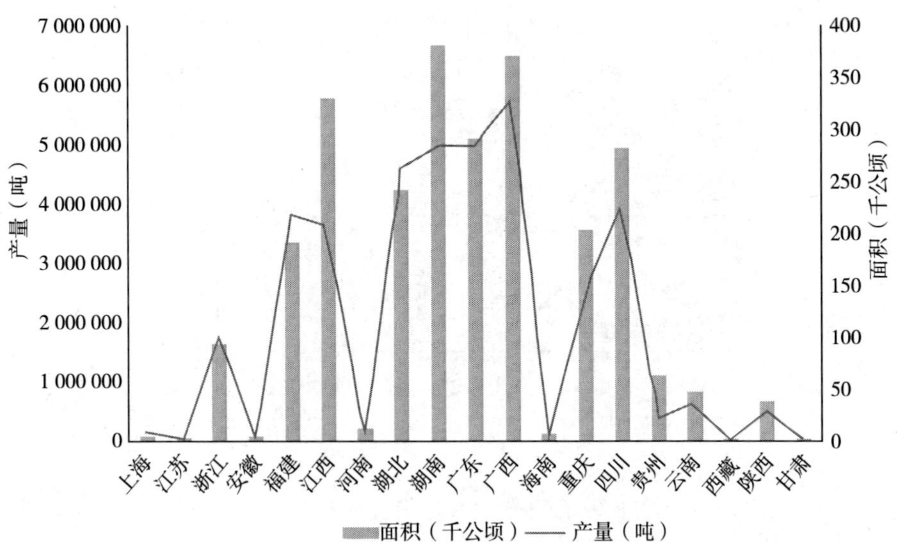

图 4-13 2016 年柑橘类水果分省种植情况

注：据农业部种植管理司网站数据绘制。

近年来苹果亩产值持续下降，而折算用工成本持续上升，苹果亩均利润已经由 2011 年的 4611.99 元降至 2016 年的 896.8 元，与粮食每亩净利润相当。按照省区来看，陕西省和山东省每亩净利润最高，分别超过 4 000 元与 2 000 元，河北与河南分别超过 1 500 元和 1 000 元，其他省区市苹果净利润均小于 1 000 元，甘肃省为负值。利润的差异主要来自产品销售收入，这与苹果的品质有很大关系。柑橘情况稍好，2016 年每亩平均净利润为 1 416.23 元。分省区来看，情况也不容乐观，福建、广东、重庆效益较好，甚至最高超过 5 000 元每亩，而湖南亏损 1 100 余元。柑橘与苹果相比，易腐难运，出口不足 100 万吨，以内销为主，内销又以本地消费为主，因此，出现省际利润相差较大的局面（见图 4-14）。

图 4-14　河北沙城夹河村的葡萄庄园

注：笔者摄于 2018 年 7 月。

葡萄是我国产量排名第三的水果（不含西甜瓜），且对气温没有特殊限制，南北方都能种植。我国鲜食葡萄产量为世界第一，葡萄栽培面积居世界第二。葡萄为浆果，出口量很少，大部分为国内鲜食葡萄。我国新疆、河北、山西为葡萄产量最高的省份，西北的宁夏、甘肃，华东的浙江、江苏，西南的云南、广西等省区产量均较高。北方昼夜温差大，河北怀涿盆地、新疆吐鲁番地区均为葡萄种植的绝佳条件，南方雨水多，需要挡雨种植，但精于管理，效益也很好。总体来看，葡萄的亩均利润较高，前三年投入较高，但稳定产出期利润可达 5 000 元 / 每亩，若为设施葡萄，甚至可达两三万元（笔者对河北饶阳县调查获取）。除了管理和设施方面，葡萄运输困难，销售时效短，销售渠道比起其他果品显得更为重要，搭建销售渠道、创立葡萄品牌是葡萄种植业的重中之重。

总体来讲，水果种植比起蔬菜种植虽然对技术要求较高，但亩产利润高，发展前景好。果树生长周期长，对自然环境要求较高，水果更易形成地域品牌，有利于规模化生产。热带水果如樱桃等经济价值较高的水果种类近年来也有了长足发展，昌平小汤山地区的设施樱桃亩产可达 10 万元。生产实践中，由于我国的永久基本农田和基本农田保护区制度，高产农田改变为果园受到限制，粮食和蔬菜种植一般不受限，果园数量有限。果园一般前期投入较大，由投入到挂果需经过一定年限，使得水果种植产业需要有相关配套政策，如针对果农的小额贷款产品和保险产品。

4. 糖料种植

糖料是我国重要的经济作物，主要是甘蔗和甜菜。甘蔗是热带亚热带作物，在我国南方地区以甘蔗为主，主要分布于广西、广东、云南、海南等地区，其中广西种植面积占全国总种植面积的62%，而最多的四个省份占全国总种植面积的93%，集中度很高。甜菜喜温凉气候，耐寒、耐旱、耐碱，在北方地区以甜菜为主，主要出产的省份有内蒙古、新疆、河北等省区，其中新疆产量最高，占全国的58%，播种面积最广的三个省份占全国的94%，集中度比甘蔗更高。我国糖料作物种植具有“南蔗北菜”的特征（见图4-15、图4-16）。

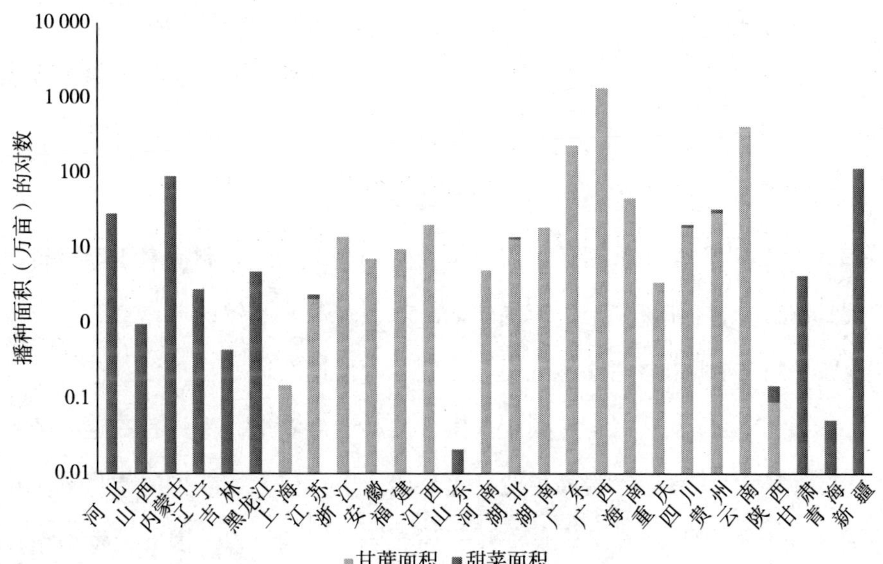

图4–15 2016年糖料作物播种面积对数

注：据农业部种植管理司网站数据绘制，以10为底数。

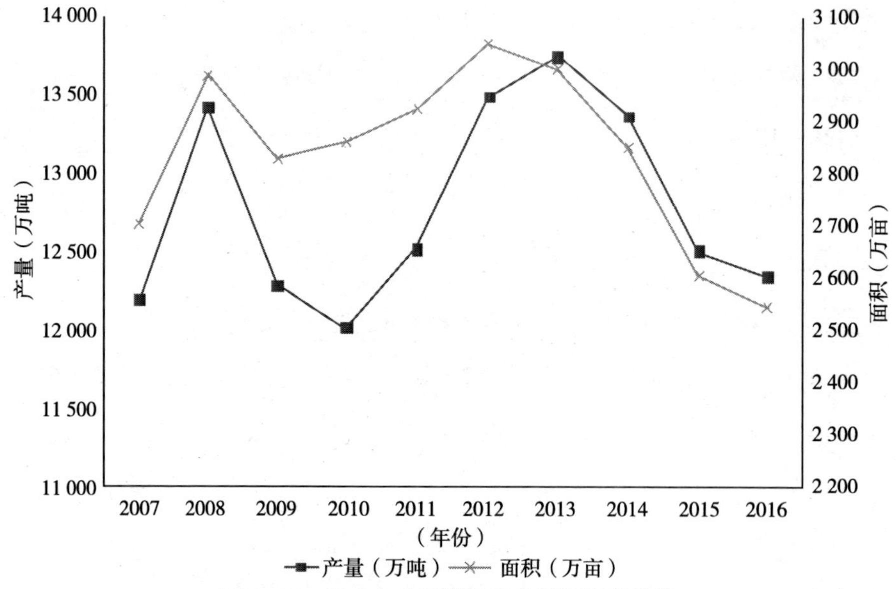

图 4–16　近十年来糖料作物产量和面积趋势

注：据农业部种植管理司网站数据绘制。

根据近十年的糖料作物种植趋势图来看，糖料作物种植波动非常大，说明市场情况不稳定。而根据成本收益数据，近年来甘蔗亩均收益十分不稳定，2014 年出现亏损，而近两年有所回升，甜菜收益却持续走低。分地区看，海南甘蔗种植亏损，内蒙古甜菜种植亏损，而黑龙江几乎没有净利润，新疆最优。糖料作物用途单一，甘蔗具备一定的鲜食用途，甜菜主要用途为制糖，因此无论是价格还是需求量均受到糖厂制约。制糖属于原材料布局型工业，糖料种植业集中布局的区域收益较高。虽然糖料作物亩产收益不高，但甘蔗和甜菜能够适应山坡、荒地等低产环境，与粮食、蔬菜、水果种植能够错位发展，有效利用荒山荒地和低产农田，尚具有一定的经济价值。糖料广泛应用于食品工业，也是居民生活中不可缺少的调味料。我国糖料总体有缺口，产量较低的年份还需要一定的进口。因此，发展糖料种植业除尽可能在高产地区集中布局外，还应提高集约程度，并做好相关产业链配套（见图 4-17）。

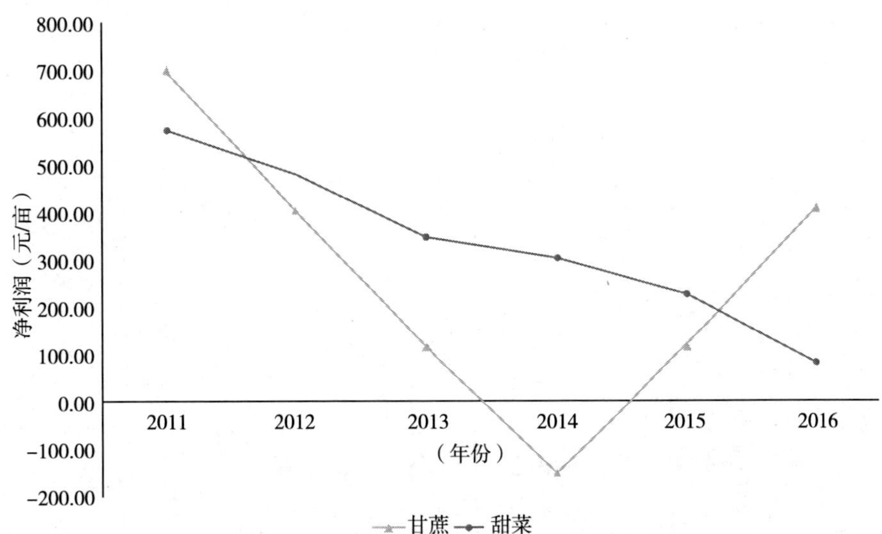

图 4-17　2011—2016 年糖料作物亩均净利润

注：据《全国农产品成本收益资料汇编 2017》整理。

5. 纺织原料

棉花、麻料和蚕桑是我国主要的纺织用材料。棉花原产亚热带，在我国广泛种植已经至宋元时期。麻料和蚕桑均为我国原产，麻料至今有 3 000 余年的历史，蚕桑的历史可逗溯至 6 000 年前，麻料和蚕桑为我国特色的纺织原材料。

（1）棉花种植

棉花是关系我国国计民生的重要战略物资和棉纺织工业的原料，棉花种植下游产业链涉及棉加工、流通、棉纺织、印染、服装等多个产业部门，在国民经济中占有重要地位，是中华人民共和国成立初期重要的工业原料之一。棉花的经济价值在于棉花植物的种子纤维。中国、印度、美国均为产棉大国。在我国，主要有黄河流域棉区、长江流域棉区、西北内陆棉区、北部棉区和华南棉区。其中新疆又是我国产棉最大的省区，2016 年棉花产量占到全国总产量的 67.8%，已经成为我国的棉花种植业中心。其他主

要的产棉省有河北、河南、湖北、湖南、安徽、山东等，产量约占全国的27.2%（见图 4-18）。

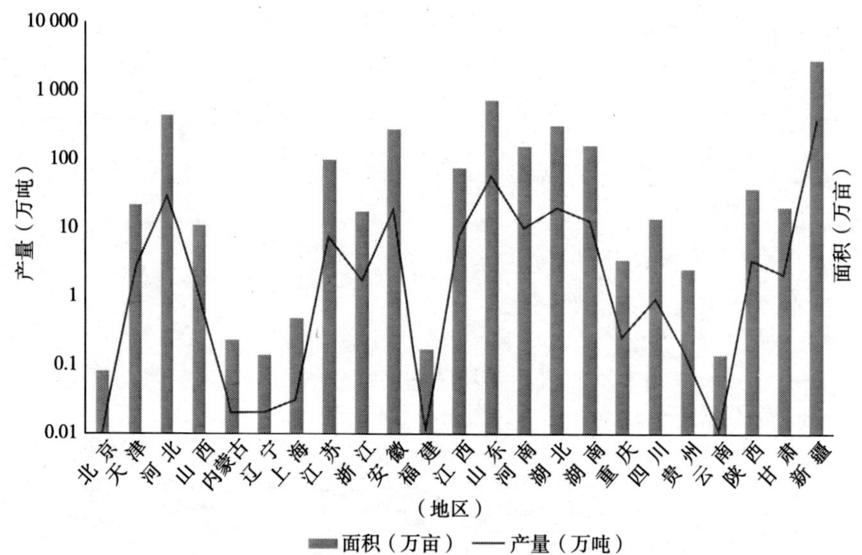

图 4-18　2016 年各省棉花种植与产量对数

注：据农业部种植管理司网站数据绘制。

从近年来的棉花种植业发展趋势看，无论是种植面积还是产量均呈下降趋势。其中 2011 年至 2012 年政府临时实施《2011 年度棉花临时收储预案》，2011 年至 2012 年种植量有短暂提升，但收储完毕后又持续走低。当前我国棉花市场的供需情况是，库存高、产量下降、需求减少、棉花价格走低、国内外棉价差缩小、棉花进口量减少，在新的市场情况下，我国的棉花产业面临新的机遇和挑战（见图 4-19）。

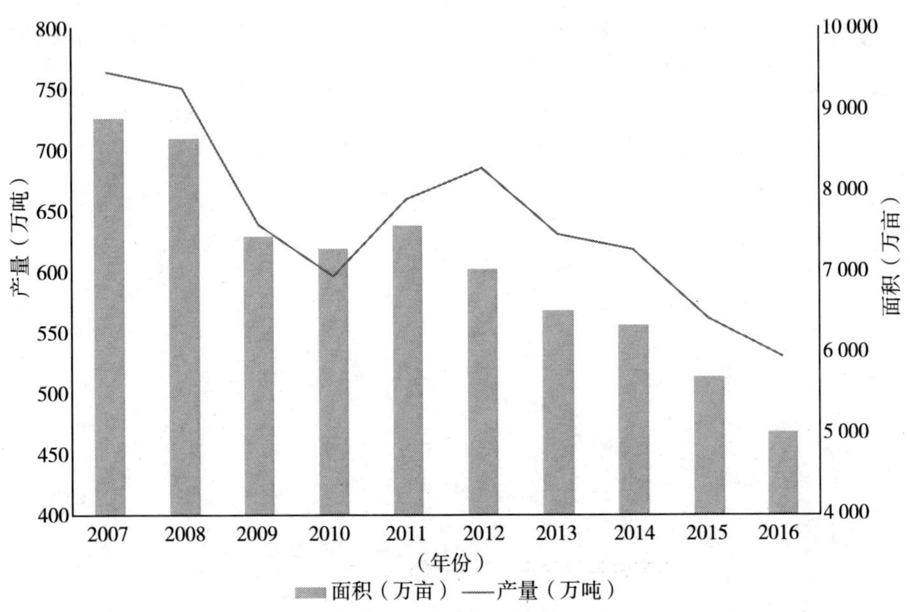

图 4–19　近十年棉花种植与产量趋势

注：据农业部种植管理司网站数据绘制。

我国棉花种植业的主要问题为机械化程度不高，致使容易混入杂质纤维，棉质不好，人力成本却很高。2011 年以来，除棉花临时收储的阶段，棉花种植能够实现盈利，自 2013 年收储完成后，亏损日益扩大；2015 年达到亩均亏损 921.55 元；2016 年收窄，也达到 488.3 元。我国经济进入新常态之后，纺织业需求大减，加之国际市场棉价较低，质量较好，政府通过进口配额制度保障国内棉花市场销路。若能够具备国际竞争力，走高效机械化种植业将成为必经之路。

（2）麻料种植

麻料属于麻纤维纺织原料，是从各种麻料作物中提取的植物纤维，主要有黄红麻、苎麻、大麻（汉麻）、亚麻等作物。我国是世界上麻类资源最丰富的国家，历史传统悠久，以苎麻、大麻种植为主。我国主要的麻料产区分布在黄河流域、长江流域和华南地区，主要的省份有黑龙江、安徽、河南、湖北、湖南、广西、四川、新疆。与棉花种植走势类似，近年来麻料种植也呈现出逐年减少的趋势。2016 年，麻料全国总产量 26.2 万吨，总量上看比棉花产量少，虽然处于下降区间，但 2016 年有较大回升。作为一种较为小众的纺织原料，麻织品广泛应用于服装、家纺、包装等行业和领域，若与麻纺织业联动，则有较好的发展前景（见图 4-20）。

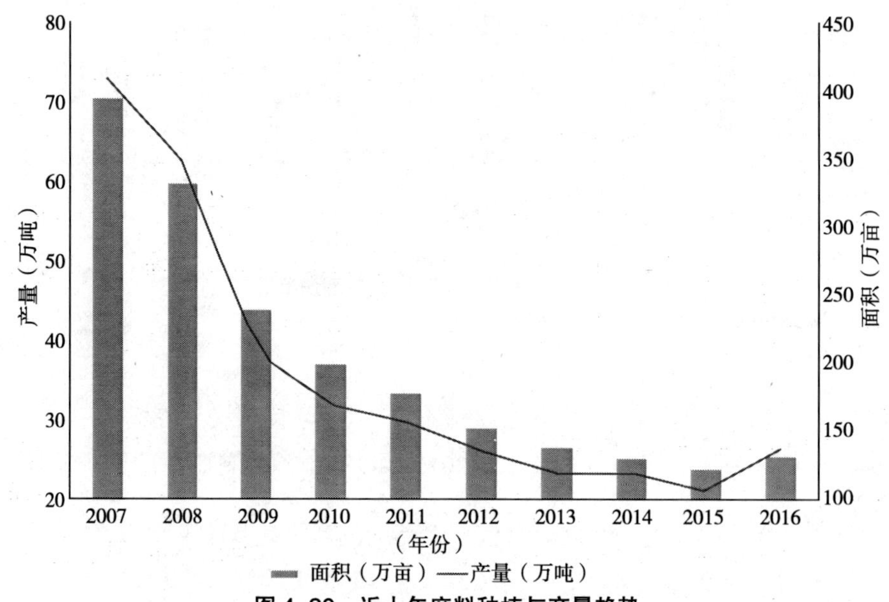

图 4-20　近十年麻料种植与产量趋势

注：据农业部种植管理司网站数据绘制。

（3）蚕桑业

蚕桑是传统纺织业的上游产业，我国近代工业也是由缫丝厂起步的。历史上蚕桑产业集中在长江中下游地区，近年来已经逐步转移到西南地区的广西、四川、云南等省区，江苏、浙江、广东等东部沿海省份还保留部分蚕桑产业发展区，但已经出现了持续衰退。蚕桑产业在中华人民共和国成立后一度兴旺，1994 年蚕茧产量达到 81 万吨，后逐年下降并逐渐趋于稳定，维持在 60 万吨上下。根据笔者调查，在杭嘉湖平原传统蚕桑发达地区，由于工业和水产养殖业的发展，蚕桑不再是农民主要的经济收入来源，湖州地区过去村村都有的茧站仅余一处运营，每年每个乡镇发放的蚕种由高峰时期的数千张减少到如今的不足百张。而根据成本统计资料，蚕桑在过去五年中经营效益均为负值，出现亏损，每亩桑地亏损超过 1 000 元，受到纺织业不景气的影响市场情况不佳。

棉花、麻料和蚕丝均属天然纤维，用作纤维提取或混纺纤维的原料均受到纺织业的巨大影响，纺织业景气、面料需求大，则原材料价格高，而反之则原材料价格走低。由于纺织业是基础产业，世界人口已经进入稳定发展期，对纺织品的需求增长已大不如前。从国内来看，出口和内需增长均十分缓慢，因此，低端的纺织原料在市场上已不再稀缺，而涉及医疗、特种设备的产业用纺织产品还具有较大潜力。因此，纺织原材料相关种植业的发展在未来一定时期还有机会，但必须走创新提质之路。

6. 油料作物种植

油料作物是种子中含有大量脂肪，用来提取油脂供食用或作为工业、医药原料等的一类作物，主要有大豆、花生、油菜、芝麻、蓖麻、向日葵、胡麻等。油料作物榨油之后的糟粕可用作饲料。油料是我国重要的大宗农产品，是食用植物油、蛋白饲料的重要来源。随着生活水平的提高和养殖业的发展，对油料作物需求量大增，虽然我国拥有世界上最大的植物油压榨量，但油料作物种植成本居高不下，食用油和饲料严重依赖进口，其中食用油自给率不足 40%（见图 4-21 至图 4-23）。

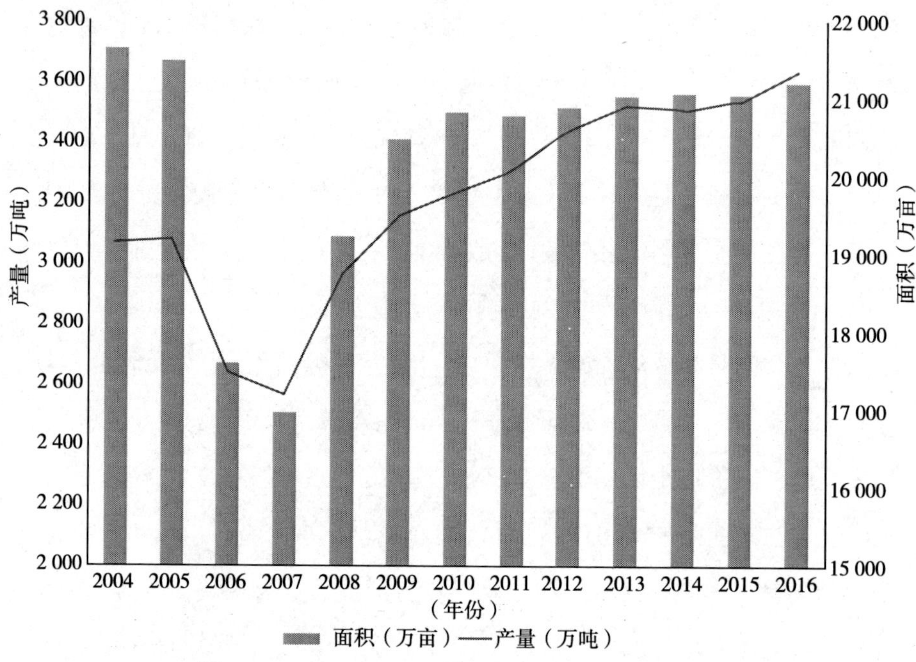

图 4-21　2004—2016 年油料作物种植与产量趋势

注：据农业部种植管理司网站数据绘制。

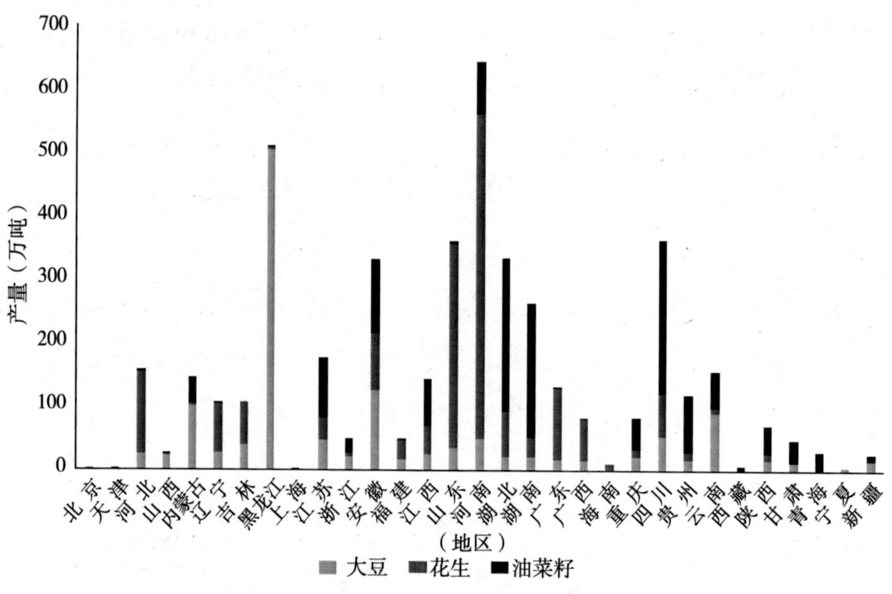

图 4-22　纳入统计的油料作物分省产量

注：据农业部种植管理司网站数据绘制。

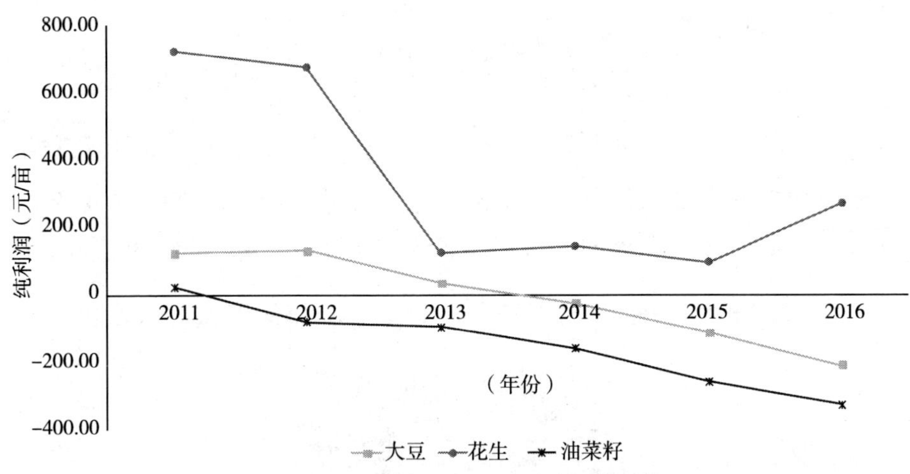

图 4-23　三种油料作物亩均纯利润

注：据《全国农产品成本收益资料汇编 2017》整理。

菜籽、花生、大豆、油茶是我国最重要的四类油料作物。我国主要的油料作物产区有长江流域油菜籽、冀鲁豫花生、东北与内蒙古大豆和南方油茶等。主要出产的省份有河南、山东、黑龙江、四川、安徽、湖北、湖南。根据农业部种植司的数据，油料作物 2007 年下降到最低点之后种植有所反弹，2013 年以来有所稳定。就成本收益来看，除花生年均利润均为正值之外，大豆和油菜籽均为负值，产生亏损的原因是大豆连年单产下降而其他成本居高不下，油菜籽亏损则主要为人工成本的增长带来的抵销。国内油料需求缺口很大，但由于国际食用油和油料作物与国内存在差价，国内油料作物单产与国际水平有差距，国际市场压低了国内的相关产品价格，农民种植油料作物的积极性不高。

7. 其他主要经济作物种植

经济作物指种植作物产出有较大经济价值，主要有茶、咖啡、烟叶、药材、香料及花卉苗木等作物。

（1）茶叶种植

我国是茶树的原产国，是世界上最早发现和利用茶树的国家。中国有数千年的茶文化传统，是世界第一大茶叶生产国和消费国。我国有 20 多个省区市可种植茶树，品种有绿茶、青茶、红茶、黄茶、白茶、黑茶、花果茶等类型。我国有长江中下游名优绿茶、东南沿海优质乌龙茶、长江中上游特色及出口绿茶、西南红茶及特种茶等重点茶叶种植区（见图 4-24 至图 4-27）。

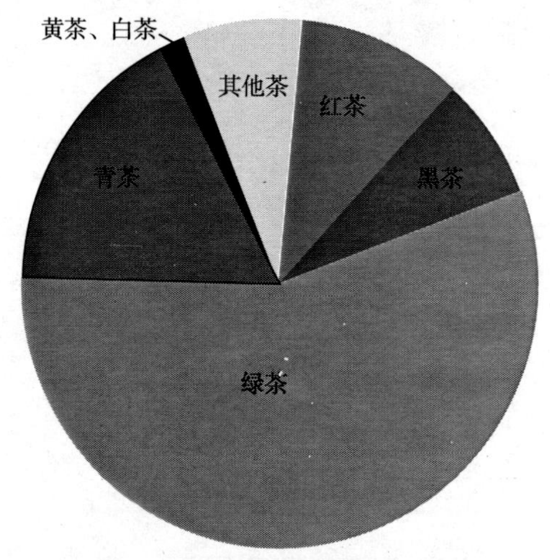

图 4–24　2016 年茶叶产量类型结构

注：据《全国农产品成本收益资料汇编 2017》整理。

图 4–25　杭州灵隐寺附近的茶园

注：笔者 2016 年 6 月摄于浙江杭州。

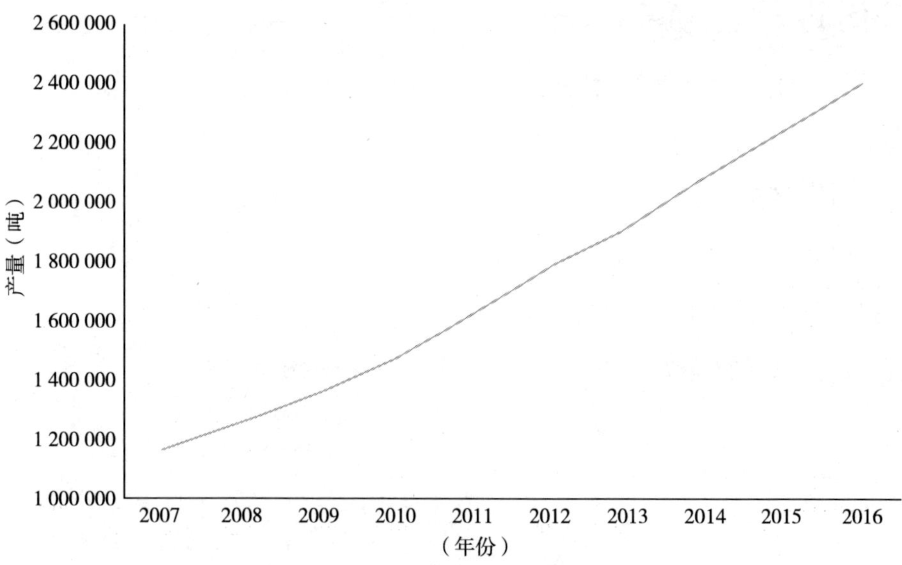

图 4-26　近十年茶叶产量趋势

注：据农业部种植管理司网站数据绘制。

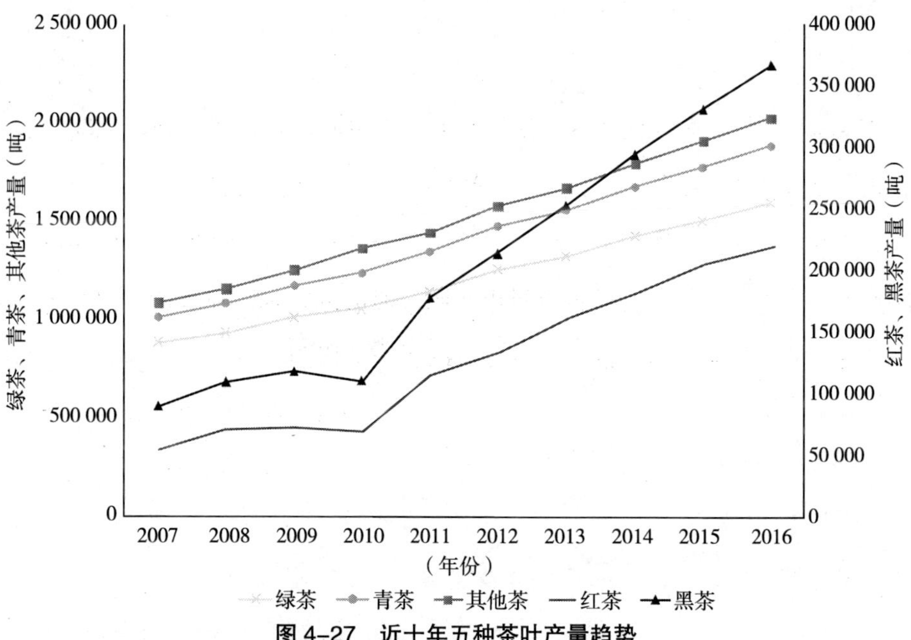

图 4-27　近十年五种茶叶产量趋势

注：据农业部种植管理司网站数据绘制。

茶叶是目前消费市场增长前景比较好的种植作物之一。我国茶叶自有统计资料以来，产量均呈现上涨趋势。从近十年走势来看，年均增长率达到 7%，2011—2012 年超过 10%。从茶叶品种来看，青茶、绿茶为主要茶叶品种，黄茶产量较少。所有类型的茶叶均呈现稳定增长态势。茶叶因各产地的气候和地域差异具有其他产地无法模拟的特质，部分产地的茶叶能够有较高的附加值，如杭州以西湖龙井闻名，精品龙井售价在 1 000 元 / 斤以上，西湖边茶农家庭年收入可达 40 万元（见图 4-28）。

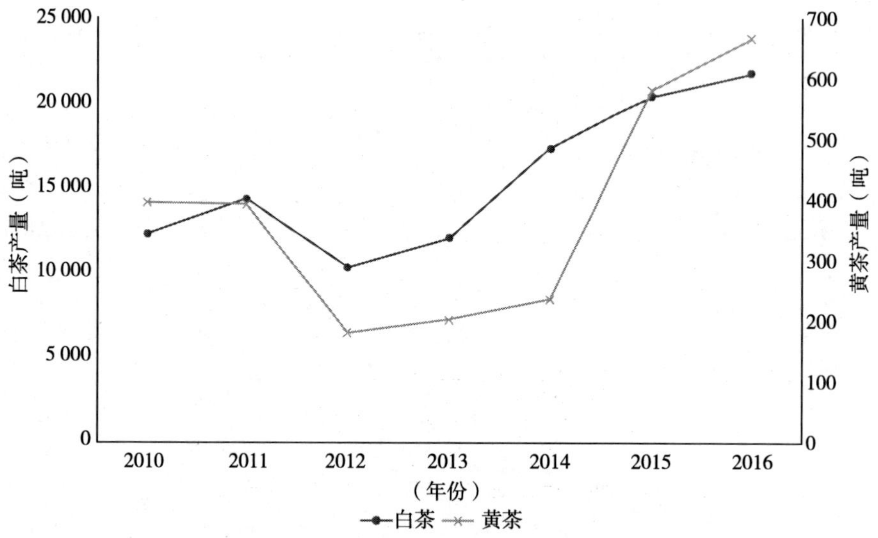

图 4–28　近七年两种茶叶产量趋势

注：据农业部种植管理司网站数据绘制。

（2）咖啡种植

从世界范围来看，咖啡是三大饮料作物之一。咖啡对水、热、阳光条件较为苛刻，喜温、喜凉、不耐寒，且水分不宜过多。我国的咖啡主产区分布于北回归线以南地区，一般种植于山地或阴凉处。云南和海南是我国两大咖啡产区，广东、广西、四川、福建等省区有少量种植。我国有数千年的饮茶史，但饮用咖啡的习惯则滞后多年，引入咖啡种植也仅有 100 余年。

目前国内咖啡消费增长迅速，中国咨询投资网发布的《2017~2021 年中国咖啡行业投资分析及前景预测报告》显示，我国咖啡消费量每年增长幅度在 15%~20%，比世界平均水平高出数倍。我国人均咖啡消费为每年 4 杯，在北京、上海、深圳等大城市人均 20 杯，日本、美国等国家达到 300~400 杯。随着现代生活方式的普及和咖啡品牌由一、二线城市向三、四线城市快速拓展，咖啡需求量的增长将十分显著。咖啡是西式饮品，并承担了一部分社交消费功能，随着我国城镇化的进程和生活水平的提高，未来增长潜力依然很大。与巨大的消费量相比，由于种植品种和种植地域的限制，我国咖啡自产率仅达到 50% 左右，每年缺口较大，加之世界咖啡产量近年来有所缩减，因此，在适宜种植咖啡的地区进行产业开发将有较好的前景（见图 4-29）。

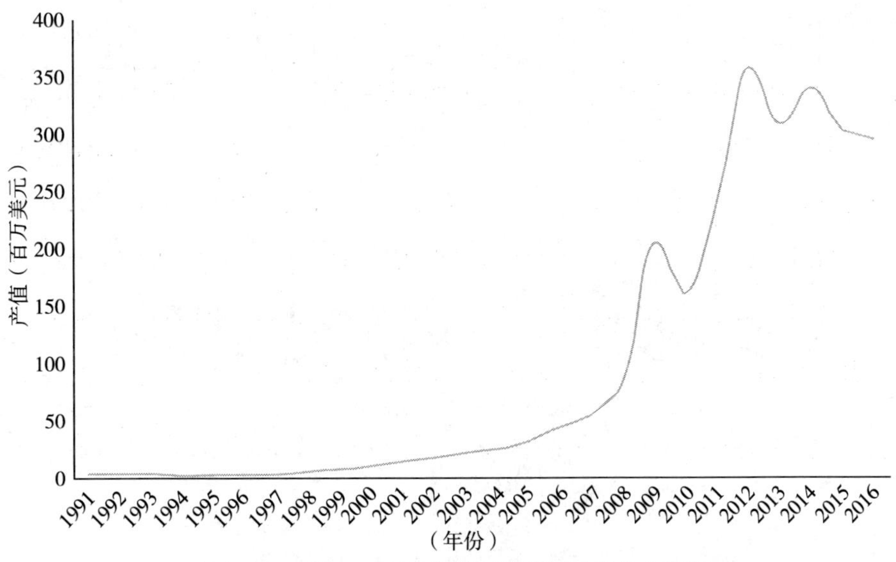

图 4–29　1991—2016 年我国咖啡豆（绿色）产值

注：据世界粮农组织数据绘制。

（3）烟叶种植

烟叶在我国可种植的范围比较广泛，但我国实行烟草专卖制度，烟叶的种植销售和后期加工均受到管制。烟草行业利润率较高，又是重要的利税行业，但烟草业发展会对健康带来影响，是受到限制的行业。自 2000 年开始，烟叶种植面积均保持在 2000 亩上下，近年来有小幅度下降。农民想要从事烟草种植行业，需向烟草公司进行申请，拿到烟草公司签订合同之后必须按照合同规定的面积和流程种植，收获后按照合同规定价格由烟草公司收购。烟草种植利润较高的内蒙古地区亩均利润可达 1500 余元。云南、贵州、四川、重庆、河南、福建、吉林、辽宁、黑龙江等省区是我国烟叶的主产区（见图 4-30）。

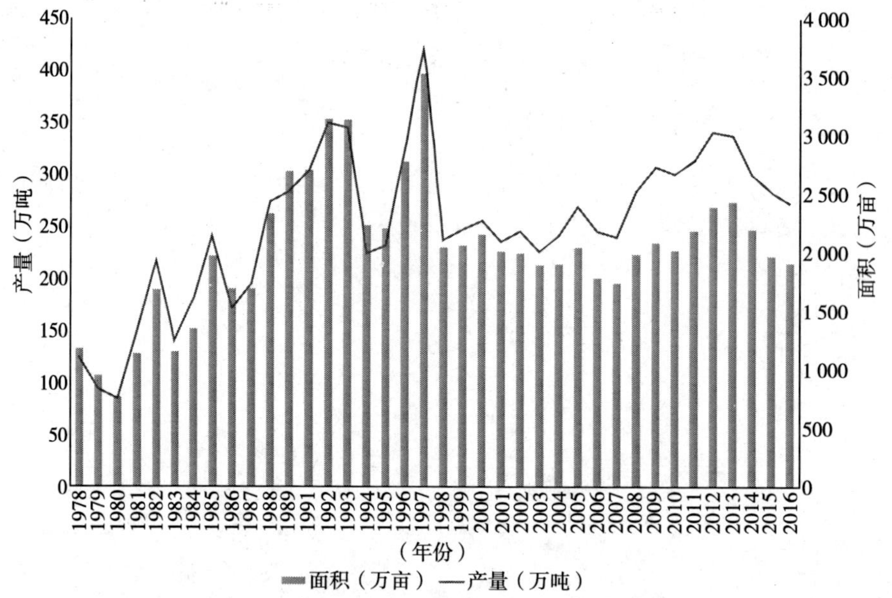

图 4–30　1978—2016 年烟叶种植面积与产量趋势

注：据农业部种植管理司网站数据绘制。

（4）中药材种植

中药是汉族传统医学理论下使用的药物，中药源远流长、博大精深，承载了民族传统文化和传统智慧，草本类中药在所有中药种类中占绝大部分。我国药用植物 11 000 余种，其中市面上流通的中药材有 1 000 余种，常用中药材 500 余种，依靠栽培的大约 250 种。中药材是制作中药饮片和中成药的原料。2002 年我国开始实行中药材 GAP 认证制度，对中药材的产地环境、种植技术和采集流通进行了规范，该制度持续实行了 14 年（见图 4-31）。

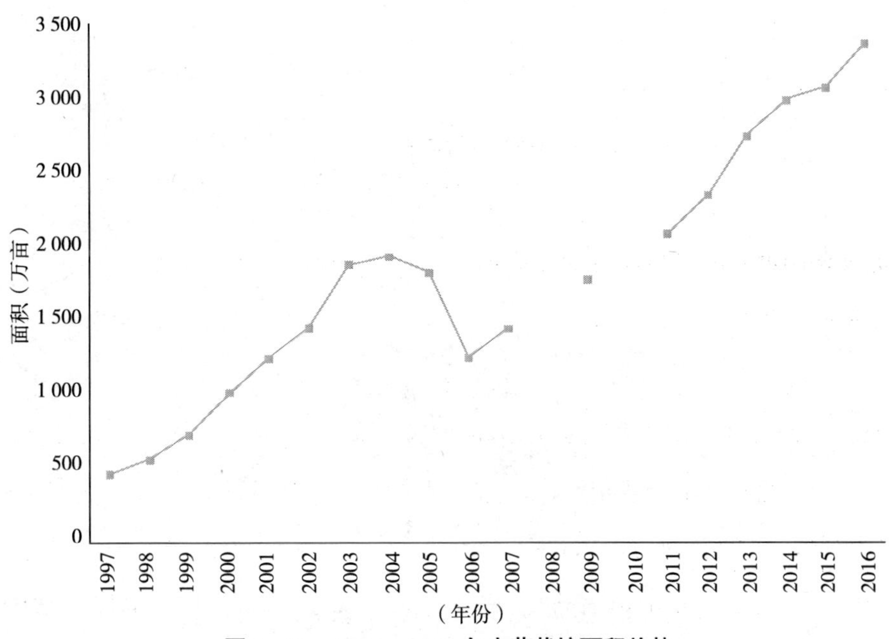

图 4–31　1997—2016 年中药栽培面积趋势

注：据农业部种植管理司网站数据绘制。

老龄化社会即将来临，大健康行业迅速发展，中药材的需求量急剧增加，推动了中药材种植业的快速发展。政府出台《中医药发展战略规划纲要（2016—2030 年）》，关注中药材的种植，提出推进中药材规范化种植养殖的指导性思路：制定中药材主产区种植区域规划；加强药材良种繁育基地和规范化种植养殖基地建设；促进中药材种植养殖业绿色发展，加强对中药材种植养殖的科学引导，大力发展中药材种植养殖专业合作社和合作联社，提高规模化、规范化水平；建立完善中药材原产地标记制度。

中药品质受到地域性影响，只有在特定环境和地域并按照一定规范栽培的中药才能拥有良好的药性。我国北方主要栽培耐旱耐碱耐寒的根茎类中药材品种，南方则主要栽培喜水喜阴的茎叶类、花类、藤木类中药材品种，东北地区以栽培人参和细辛为主。内蒙古、安徽、河南、湖南、湖南、广西、重庆、四川、贵州、云南、山西、甘肃等省区中药材产量较高（见图 4-32）。

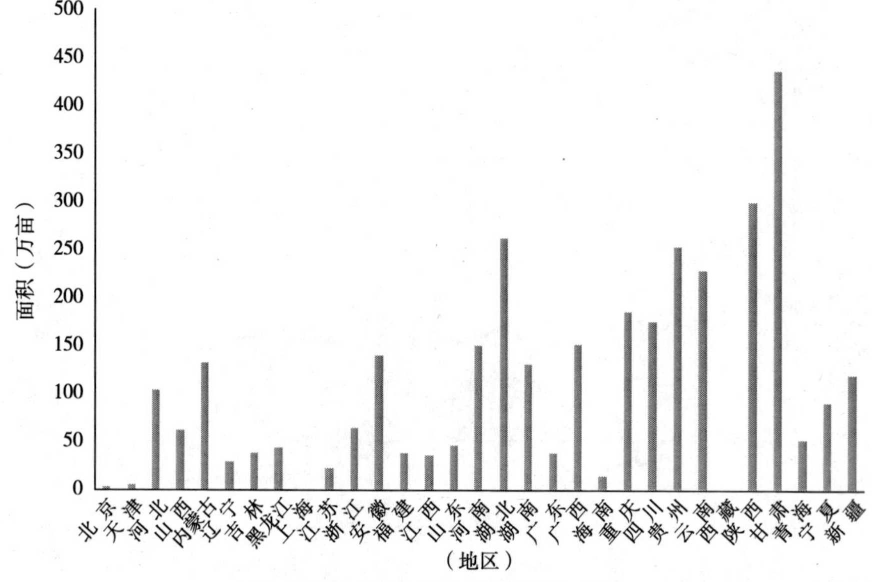

图 4–32　2016 年分省中药栽培面积

注：据农业部种植管理司网站数据绘制。

（5）香料种植

香料植物提供香原料，香原料能够被嗅觉所感受，我国是最早使用香料的国家之一，植物性香料一般用于烹调与食品领域。根据世界粮农组织数据，自有统计数据以来，香料的产值持续增长，1991—2006 年为缓慢增长期，平均增长率为 5%；2007—2012 年为高速增长期，平均增长率为 20%；2013 年至今为调整期，平均增长率为 8%（见图 4-33）。

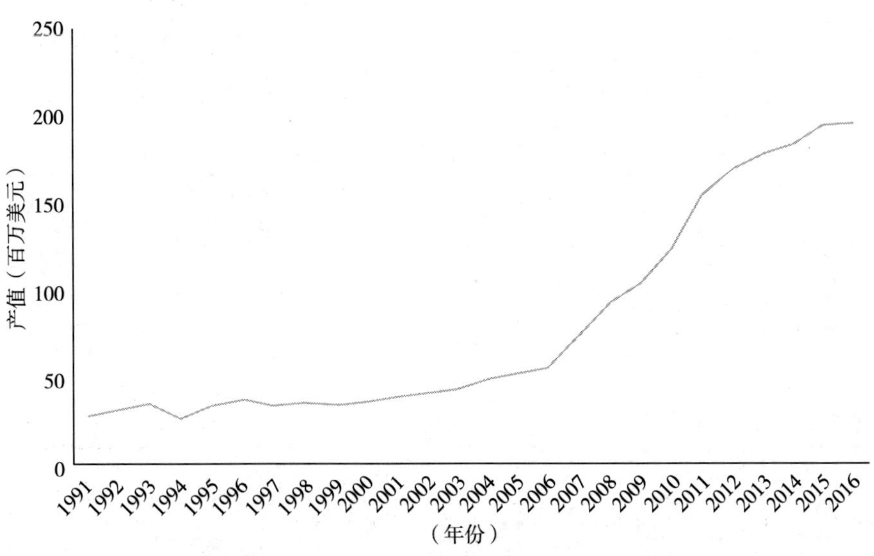

图 4–33　1991—2016 年我国香料（干）产值

注：据世界粮农组织数据绘制。

（6）牧草种植

我国是一个草原资源大国，拥有各类天然草原近 4 亿公顷，覆盖 2/5 的国土面积，是我国面积最大的陆地生态系统。北方和西部各省区是我国天然草原的主要分布区。河北、山西、内蒙古、辽宁、吉林、黑龙江、安徽、山东、河南、湖北、湖南、江西、广西、重庆、四川、云南、贵州、西藏、陕西、甘肃、青海、宁夏、新疆等 23 个省区市是我国草原的主要分布地区。西部十二省（区、市）草原面积 3.31 亿公顷，占全国草原面积的 84.2%；内蒙古、新疆、西藏、青海、甘肃和四川六大牧区省份草原面积共 2.93 亿公顷，约占全国草原面积的 3/4。从牧草种植空间来看，多年生牧草种植面积排前六位的省区为内蒙古、甘肃、四川、青海、新疆和陕西；一年生牧草主要种植省区为内蒙古、四川、新疆和辽宁。牧草为畜牧业发展的原材料，我国畜产品需求量大，但适宜放牧的空间有限，牧草长期依靠进口，每年进口量增长保持在 10% 以上（《全国草原监测报告》）。从 2017 年进口数据来看，我国草产品、草种子进口量依然呈增长态势，以苜蓿干草为主，燕麦草、天然牧草及苜蓿颗粒起到了重要的补充作用（见表4-1）。

表4–1　种植业门类前景评价分类

门类	行业规模	技术门槛	地域限制	增长率	生产者价格	成本收益
粮食	大	低	小	低	>100	中
蔬菜	大	中	小	高	>100	高
水果	大	中	小	高	<100	高
糖料	大	低	小	低	<100	中
纺织原料	大	低	小	低	<100	低
油料	大	低	小	低	<100	低
茶叶	小	高	大	高	<100	高
咖啡	小	高	大	高	<100	高
烟叶	大	低	小	低	<100	中
药材	小	高	大	高	无数据	高
牧草	大	低	小	稳定	无数据	中

根据上述指标和种植业门类的特征，可将种植业分成以下五种类型。

基础型种植业——粮食种植：粮食种植业有基本需求，国家政策力度大，市场风险小，保险覆盖全，故粮食种植收益虽不高但稳定，因此，粮食种植是能够保守获取一定收益的种植业类型。

日常消费型种植业——蔬菜水果种植：蔬菜水果是关乎居民生活的种植作物。种植范围广，种植技术相对公开。社会越发展则消费量越高，消费的品种更为丰富，对品质要求更高。蔬菜水果种植面临一定市场风险，但也能获得更高的市场利润，尤其是品种和种植流程改良的新奇特产品，能够短期获得较好的利润。

特定消费型种植业——茶叶、咖啡、药材种植：总体种植规模不大，但由于产品市场化程度高，与现代生活方式契合度高，增长强劲，利润丰厚。但这三类作物受地域条件影响，种植范围有限，种植流程比较复杂，属于具有地域特色的经济型种植业。

工业原料型种植业——糖料、油料、纺织原料种植：为食品工业和纺织工业的上游产业，受到经济周期和进口的冲击，国内相关种植业受到影响，利润微薄，农民种植积极性不高。

其他种植业——牧草烟叶种植：牧草受畜产品需求增长影响，前景良好。我国的荒野保护和基本草地保护政策使得牧草生长有稳定的空间。烟叶种植完全受到国家政策影响，能够挖掘的空间不大。

（二）畜牧业

畜牧业为通过圈养和放牧来养殖动物获得动物性产品的产业。畜牧业是居民餐桌肉蛋奶的来源，为工业发展提供皮毛、骨骼、油脂、肠衣等动物原材料，为农业提供役畜和肥料，是关系国计民生的重要行业。

1. 牲畜养殖

牲畜养殖的主要种类有生猪、肉牛、奶牛、绵羊、山羊。传统养殖以小农养殖为主，目前正大力倡导规模化养殖场，指标是猪出栏大于或等于500头，奶牛存栏大于或等于100头，肉牛出栏大于或等于200头。

我国是生猪养殖和消费大国，约占世界的一半左右。传统的粮食主产区大多是生猪优势区。生猪生产主要集中在长江流域、中原、东北和两广等地区。目前排名前十位的省份生猪出栏占全国总量的64%；500个生猪调出大县出栏量占全国总量的70%以上（据《全国生猪发展规划》）。由于生猪养殖对环境污染尤其水污染较为严重，特大城市和南方水网区限制生猪养殖业发展，划定了禁养区。生猪养殖的下游产业为屠宰、鲜肉和肉制品，餐桌消费升级使猪肉消费不断增长。生猪出栏时间约140余天，一个养殖场每年可出栏2.5次，若每年出栏500头，则每年的净利润约20万元。随着禁养区的逐步确定，猪存栏量下降，生猪养殖则有一定市场前景。2019

年非洲猪瘟的出现，改变了我国生猪养殖业的格局，未来一段段时期，生猪养殖业利润持续走高。

牛属大型牲畜，牛肉是我国餐桌上的主要肉类之一。我国主要的养殖地区分布在西北的新疆、甘肃、青海、内蒙古，西南的云南、贵州、西藏、四川,两广和中原地区。我国是世界第三大牛肉消费国,牛肉蛋白质含量高，脂肪和胆固醇含量较低，消费量逐年走高。2013 年逐渐开放牛肉进口，对国内的肉牛养殖业造成冲击，但由于肉牛养殖存栏期长，养殖空间需求大，每年出栏仅 2 000 余万头，存栏数没有增长甚至下降。2016 年，我国散养肉牛每头利润仅 2 300 余元，平均饲养天数 200 天，与生猪养殖相比，规模养殖难度大，虽然市场需求强劲，但公司和农户养殖积极性很低，即使采取“公司 + 农户”的订单模式，在美国、新西兰、日本牛肉开放进口的背景下养殖规模也很难扩大。对比肉牛养殖的困境，奶牛的养殖前景更好。2016 年，大规模养殖场的每头奶牛净利润为 6 597 元，中规模为 5 577 元，小规模为 5 307 元，农户散养 4 656 元，养殖规模越大，净利润越高，但资金门槛越高。

我国羊肉产量、消费量均居世界第一，国内消费为主，进出口量较少。肉羊养殖主要分布在新疆、内蒙古、甘肃、四川、青海等传统牧区，以及河南、河北、山东、东三省等传统农区。羊肉营养丰富，更适合现代营养的需求，未来消费市场巨大。但由于传统牧区禁牧等因素，肉羊养殖成本居高不下，存栏数裹足不前。肉羊平均饲养天数约 194 天，散养肉羊每只亏损约 60 元，而利润率最高的新疆也不超过 100 元。

生产者价格指数为生产者出售产品的价格，由图 4-36 可以看出，生猪价格波动大，几乎每三年即形成一个波动周期，奶类价格比较稳定，肉羊、肉牛市场波动不大，变化在 10% 以内。说明生猪面临较大的市场风险，其他畜产品则市场风险相对可控（见图 4-34、图 4-35）。

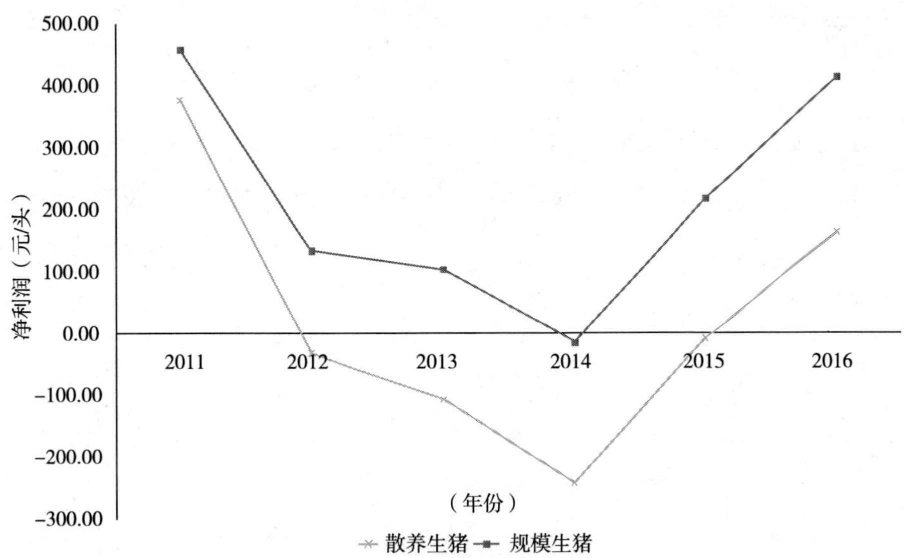

图 4–34　2011—2016 年生猪成本收益曲线

注：据《全国农产品成本收益资料汇编 2017》整理；2019 年非洲猪瘟影响很大。

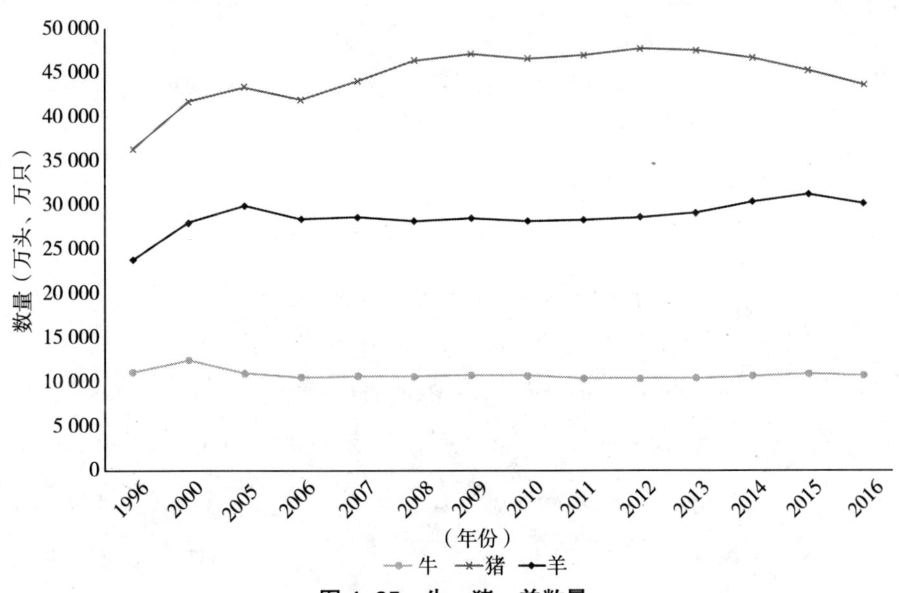

图 4–35　牛、猪、羊数量

注：据《中国统计年鉴 2017》数据绘制。

2. 家禽饲养

常见的家禽有鸡（蛋用、肉用）、鸭（蛋用、肉用、毛用）、鹅（肥肝、肉用）、火鸡、鸽、鹌鹑。禽蛋、禽肉、羽绒均是生活中不可或缺的农产品，禽肉营养丰富，口感优良。鸡胸被誉为健康食品，鸭肉制作的地方美食久负盛名（见图 4-36）。

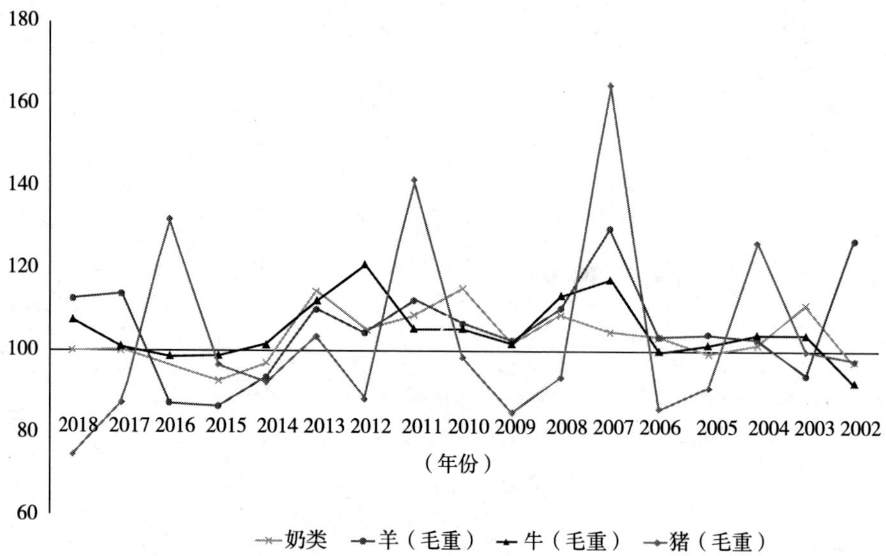

图 4–36　畜产品生产者价格指数（以上一年度为 100）

鸡的主要用途为肉用与蛋用。蛋鸡存栏大于或等于 20 000 羽；肉鸡出栏大于或等于 50 000 羽为规模化养殖场的门槛。鸡粪若不经过无害化处理，对河湖水系环境有较大威胁。2016 年的统计资料显示，小规模肉鸡每百只略亏，大中规模养殖场每只鸡净利润在 1~3 元之间。每只鸡的平均饲养周期为 46 天。蛋鸡的净收益在每百只 100~400 元之间。现代化养鸡场机械化、自动化、规模化程度日益提升，散养和小型养鸡场的生存空间日益狭窄。除标准化养殖的速生肉鸡，走地鸡、散养鸡等特色肉鸡品种增长迅猛，虽然饲养时间增加了两倍，但销售价格可以达到 100 元 / 斤，仍有很大的利润空间。我国养鸭业历史悠久，目前规模居世界第一。鸭肉、鸭蛋和羽绒是养鸭业的主要产品。鸭属水禽类，对饲养的环境有一定要求，目前产业化程度较低，且是高污染行业，对水环境有影响，因此，养鸭与鱼塘套养，鸭粪是鱼的饲料，鱼塘里的水草是鸭的食物。鸭的平均饲养期为 42 天，每只肉鸭利润约 5 元。家禽饲养风险因素很多，影响最大的是禽流感，遭遇疫情会导致血本无归。家禽饲养利润微薄，市场波动也会影响利润。应做好风险预案，并及时购买家禽养殖保险（见图 4-37、图 4-38）。

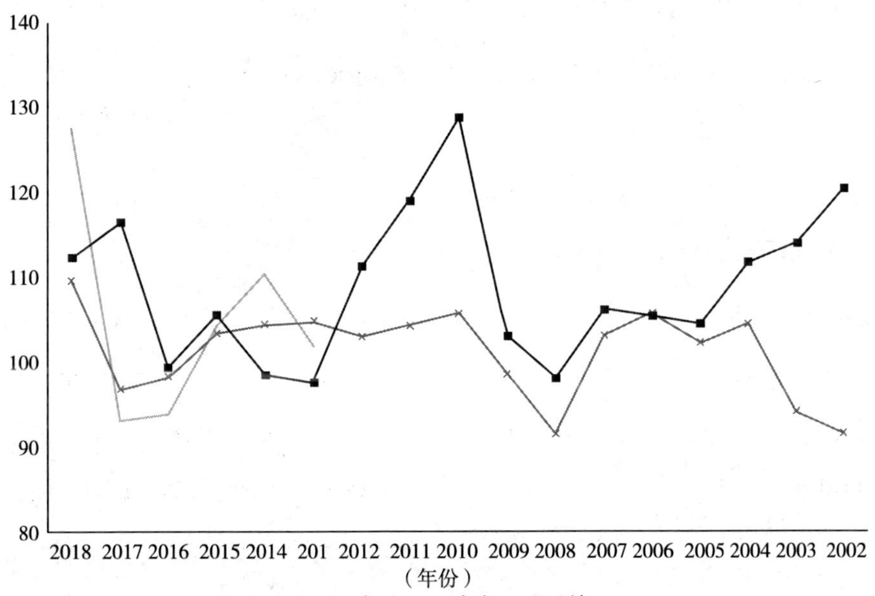

图 4-37　家禽产品生产者价格指数（以上一年度为 100）

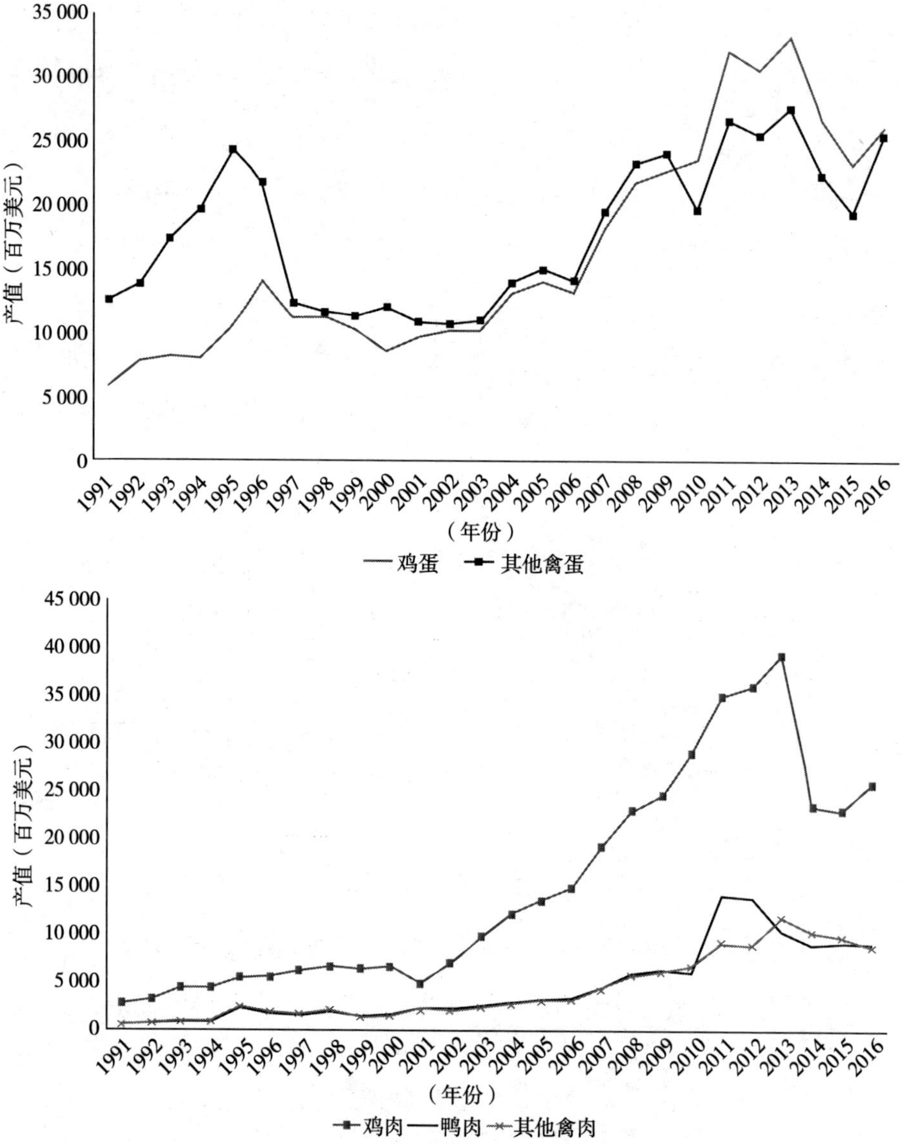

图 4-38　1991—2016 年家禽农产品产值

注：据世界粮农组织网站数据绘制。

3. 其他动物饲养

我国是历史悠久的养马大国，1985 年之前主要为军用、役用，少量食用和娱乐用途，养马数量居世界第一。1985 年以后骑兵取消，畜力被农机取代，养马数量呈现锐减趋势，养马量退居世界第二，马匹用途主要为骑乘、娱乐和肉用。新疆、内蒙古、四川、贵州、云南、西藏、广西、吉林、黑龙江、青海、河北、甘肃饲养量较多。其中，西北的新疆、内蒙古和西南的四川、云南、贵州、西藏是马养殖最主要的省区。我国是双峰骆驼的主要产区之一，现有骆驼近 40 万峰，骆驼需终年放养，主要分布于干旱草原区的内蒙古、新疆两区，甘肃和青海有少量分布。骆驼的主要用途为畜力、娱乐、乳用和肉用。驴分布较广，华北、东北、西北、西南等地区广泛养殖，是我国传统的畜力来源品种。目前在我国中西部山区，还有使用驴作为生产工具的习惯。目前大量喂养的驴主要为驴肉和驴皮的来源。美食和保健品消费需求量大，但受到马肉的冲击，饲养数量每年均呈下降趋势，目前的驴制品并不能满足消费需求，市场缺口很大。骡主要用途为畜力，主要分布在云南、甘肃、河北和内蒙古等省区，由于机械化生产和交通条件改善，骡养殖量与马、驴等畜力用大型牲畜均呈下降趋势，仅有骆驼由于养殖量较少，娱乐用途需求大，增长趋势明显（见图 4-39）。

兔养殖的主要品种有肉兔、獭兔和长毛兔，主要为肉用和皮毛用。兔肉蛋白质含量高，总体消费量较少，并非面向家常餐桌食用，主要的下游行业为食品业和餐饮业，2013 年增长至最高点，目前市场波动较大。皮毛受国际经济和纺织业发展速度影响，目前增长乏力。我国是世界第一养蜂大国，蜂蜜是一种传统的保健食品，也是食品工业、制药工业、美妆行业的原材料，养蜂业可与种植业配套布置，能够提高农作物产量。目前蜂蜜的消费量还有增长空间，蜂蜜的产量也呈现稳定增长的态势。蜂蜜、蜂巢、蜂王浆、蜂蜡等蜂产品是目前养蜂业的主要收入来源，还有部分有偿授粉收入。养蜂业分布不受地域限制，只要有蜜源植物便可发展，在我国浙江、河南、四川三个省份蜂蜜产量最高（见图 4-40）。

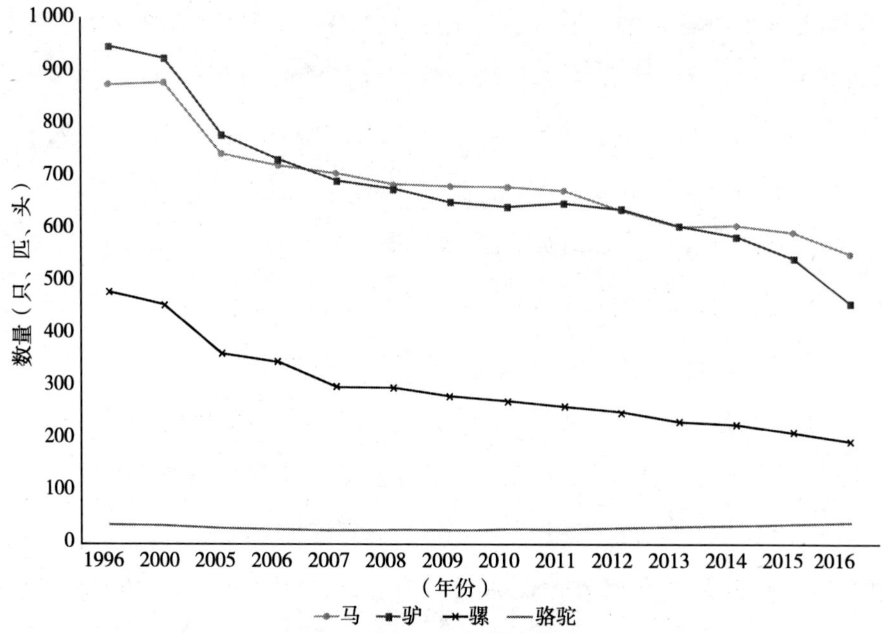

图 4-39　大牲畜养殖数量变化

注：据《中国统计年鉴 2017》整理。

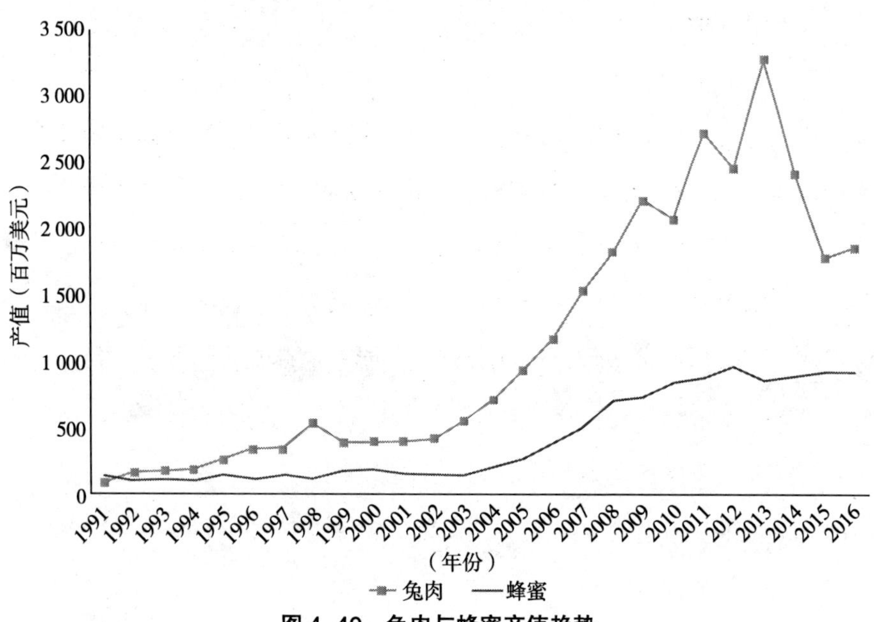

图 4-40　兔肉与蜂蜜产值趋势

注：据世界粮食组织网站数据整理。

4. 狩猎与动物捕捉

《中华人民共和国野生动物保护法》第十六条规定，因科学研究、驯养繁殖、展览或者其他特殊情况，需要捕捉、捕捞国家一级保护野生动物的，必须向国务院野生动物行政主管部门申请特许猎捕证；猎捕国家二级保护野生动物的，必须向省、自治区、直辖市政府野生动物行政主管部门申请特许猎捕证。我国设立了近二十个狩猎场，分布于黑龙江、西藏、青海以及新疆等省区，狩猎对象以野兔、山鸡、鸟类、羚羊为主，但此类活动在国内一直饱受争议。过去农村常见的动物种类由于人为因素，数量减少，很多已经进入了保护动物名单，动物采集的种类和空间变得十分稀少，种类主要是野兔、山鸡、野猪等（见表 4-2）。

表 4–2　畜牧业门类前景评价分类

门类	行业规模	地域限制	趋势	养殖周期（天）	主要用途
生猪	大	小	减	140	肉、皮
肉牛	大	小	稳	200	肉、皮
奶牛	大	小	增		奶
羊	大	小	增	120	肉、皮、毛
肉鸡	大	小	增	46	肉
蛋鸡	大	小	增		蛋
其他禽类	大	大	增	鸭 42	绒、肉、蛋
马	中	大	减		骑乘、肉
骆驼	小	大	增		畜力、骑乘、肉、奶
驴	中	小	减	270	畜力、肉、皮
骡	小	小	减		畜力
肉兔	大	小	增	120	肉
毛兔	大	小	减		皮、毛
蜂	大	小	增		蜂蜜、蜂蜡等

主要牲畜品种与居民生活息息相关，有消费的基本市场，高品质的畜产品供不应求。总体来看，生猪的增长停滞，价格市场波动很大，牛和羊的波动幅度较小，供给还在持续上升。家禽类经历前几年的快速增长，近年来增长趋缓，家禽类的蛋、肉营养丰富，符合市场消费的趋势，反映在养殖市场也在持续增长。其他种类的大型牲畜中，与第三产业如骑乘、娱乐相关的数量有小幅增长，与农业生产相关的如畜力、运输等呈性下降趋势。肉兔消费量有所增长，与纺织工业相关的兔毛则下降。养蜂呈现增长态势。

（三）林业

1. 花卉苗木

花卉产业包含鲜切花、盆栽、盆景、草坪、绿化观赏苗木、食用与药用花卉等门类。种植方式有露地栽培（在自然条件下完成全部生长过程，无须保护地栽培）和保护地栽培（利用风障、冷床、温床、冷窖、阴棚和温室等创设的栽培环境）两类（见图 4-41）。

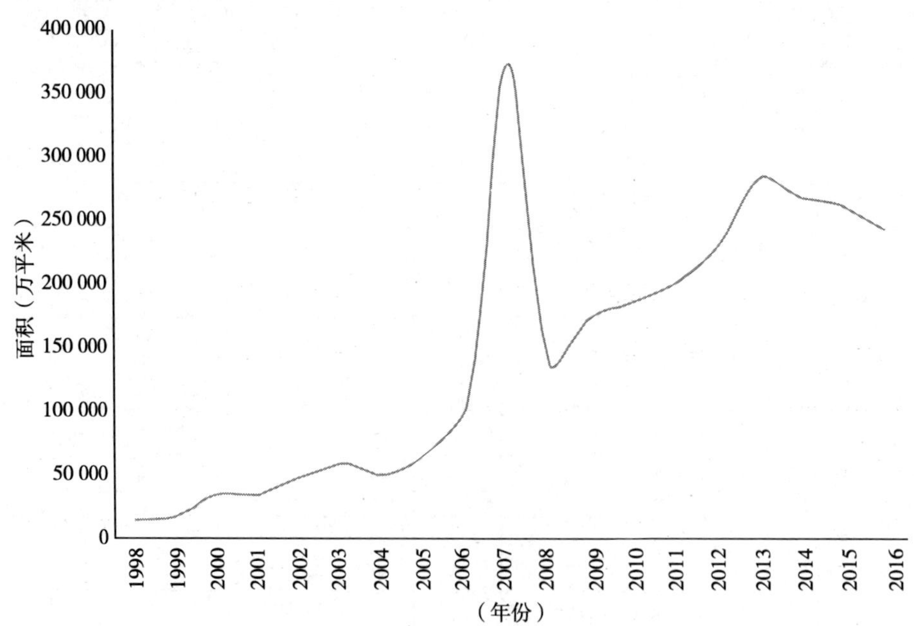

图 4-41　1998—2016 年保护地花卉种植面积趋势

注：据农业部种植管理司网站数据绘制。

《全国花卉产业发展规划（2011—2020）》中提出我国目前已经形成了以云南、辽宁、广东等省为主的鲜切花产区，以广东、福建、云南等省为主的盆栽植物产区，以江苏、浙江、河南、山东、四川、湖南、安徽等省为主的观赏苗木产区，以广东、福建、四川、浙江、江苏等省为主的盆景产区，以上海、云南、广东等省（市）为主的花卉种苗产区，以辽宁、云南、福建等省为主的花卉种球产区，以内蒙古、甘肃、山西等省（区）为主的花卉种子产区，以湖南、四川、河南、河北、山东、重庆、广西、安徽等省（区、市）为主的食用、药用花卉产区，以黑龙江、云南、新疆等省（区）为主的工业及其他用途花卉产区，以北京、上海、广东等省（市）为主的设施花卉产区。洛阳、菏泽的牡丹，大理、楚雄、金华的茶花，长春的君子兰，漳州的水仙，鄢陵、北碚的蜡梅等地域特色花卉产业呈集群式发展（见图 4-42、图 4-43）。

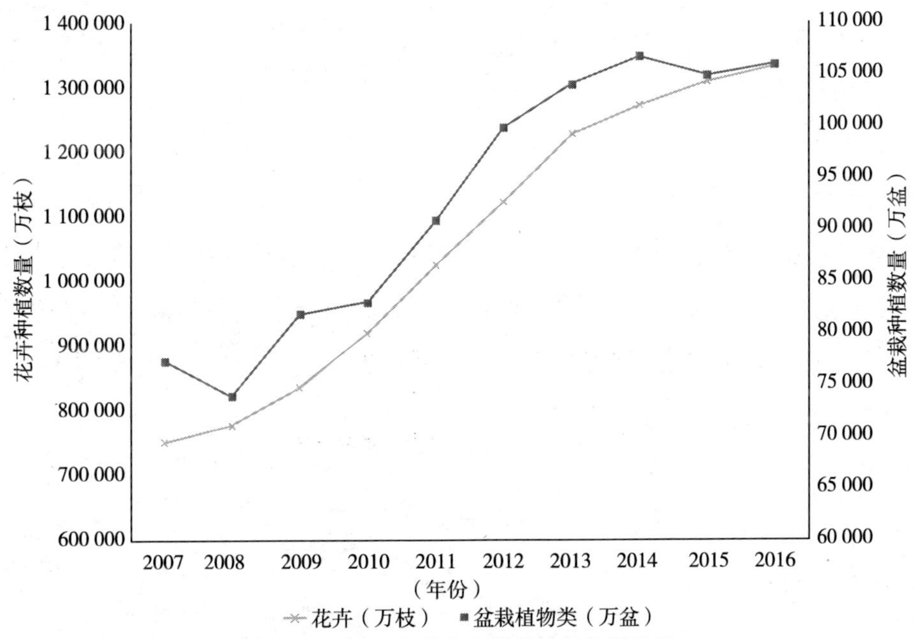

图 4-42　近十年花卉与盆栽种植数量趋势

注：据农业部种植管理司网站数据绘制。

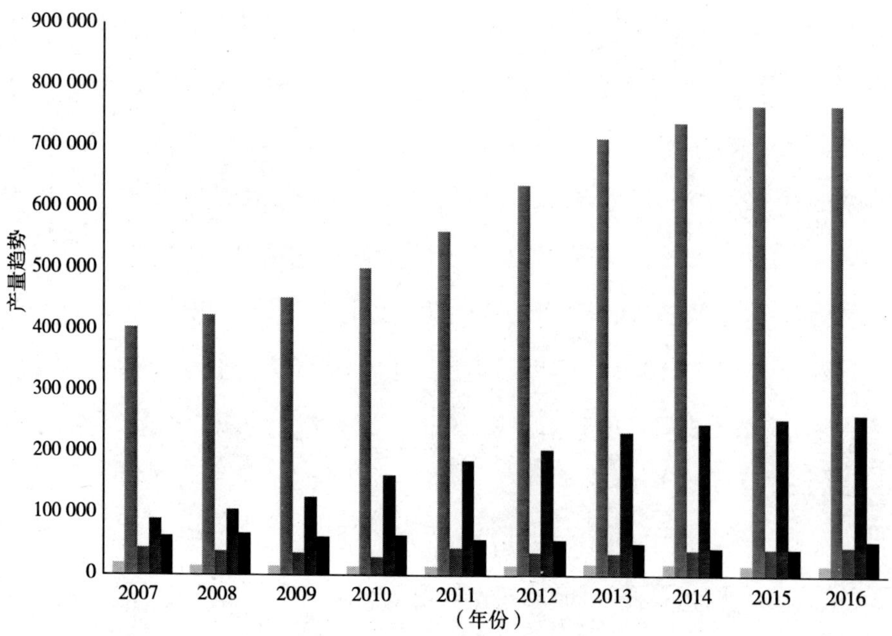

图 4-43 近十年花卉苗木子类产量趋势

注：据农业部种植管理司网站数据绘制。

我国花卉植物种质资源丰富，赏花观草文化源远流长、博大精深，园林营造技艺独特精湛。花卉苗木产品广泛应用于园林绿化、生活装饰、婚庆礼仪、产业食品药品等领域。根据中国花卉协会 2017 年花卉产业产销报告的结论，鲜切花类发展势头良好，盆栽产销总体增长平衡，其他门类形势比较严峻。根据统计数据显示，观赏苗木增长比较缓慢，食用与药用花卉与草坪增长形势良好，工业用花卉跌势有所趋缓（见图 4-44）。

图 4–44　北京某花卉基地

注：笔者摄于 2017 年 10 月。

2. 林果业

广义的林果业包含林业经济的大部分内容，狭义的林果业是指在林地范畴内进行果业发展的产业，这里需要强调的是，这与耕地范畴内进行果业发展的水果种植业有所不同，基本农田禁止发展林果业。因此，此处所指的林果业，是经济林和果园，利用林地空间发展果品种植，常见的品种有杏、核桃、桃、梅子、枣、开心果等（常见的由耕地转化为果园种植的水果如苹果、柑橘类、葡萄不在此论述）。林果业利用荒山荒坡、退耕还林、平原造林的空间，由无经济价值的土地或耗水较高的种植业转变生产内容，因此，林果业的发展首先要考虑生态价值。通过林果业发展，恢复了植被，同时为退耕还林的农民提供了新的生计。

仁用杏环境适应性强，经济效益好，是在退耕还林中较受欢迎的经济林树种，北京北部和河北张承地区在三北防护林建设中大量种植。仁用杏可鲜食，也可制作杏干、杏仁，依托杏花发展旅游产业，目前，每亩经济效益比原本种植玉米、莜麦等提高了一倍。退耕还林中，不少地区发展特色林果业，如四川的核桃、新疆的大枣、北京的油栗、陕西的水蜜桃、西北干旱区的沙棘等。果业属副食产品，国家补贴力度不如粮食蔬菜大，但由于人民生活水平的提高，果业发展潜力巨大，下游易培育食品饮料等特色行业，经济效益较好。

3. 林下经济

林下经济是以林业空间为依托，在不砍伐森林的前提下，发展林菜、林草、林药、林禽、林牧、旅游休闲等产业，发展林下经济能够提升林业的附加值，缩短经济林产出周期，促进循环林业发展，开辟增收渠道。林下经济的类型本应属于种植业、畜牧业等子行业，但由于依附于林业空间，与其他种植、畜牧等行业本质上有所差别，故应单独对待。

林禽与林牧利用林下的郁闭空间，为禽类和家畜提供生存空间和部分饲料，由于养殖密度低，养殖方式为放养，饲料为掉落的果品或林间杂草，出栏时间长，肉质好，为绿色有机产品，经济效益较高。禽类和家畜可防治林木病虫害，粪便为森林提供养分。林下种植应选择合理的品种，如喜阴的蔬菜和药材，控制种植密度，可提高产出效率。常见的林下作物有菠菜、辣椒、大蒜、食用菌、金银花、蒲公英、菘蓝、马齿苋、车前等。

4. 传统林业

森林可划分为公益林、商品林。传统林业的主要内容为林场建设、森林培育、木材竹材采伐。传统的林业亟须向现代林业转变。近十年来集体林权改革明确林地使用和林木所有权，从以木材生产为主向以生态建设为主转变。传统林业发展通过木材竹材采伐获取经济收益，现代林业则依靠参与生态建设、生态补偿、开展森林创新利用来获取经济报酬。

木材砍伐需在法律框架的约束下进行。需办理采伐证、运输证并按照规划数量进行采伐，采伐后需种植新的树木。2017 年全国范围内已经实现停止天然林商业性采伐，用材林可按照规定进行采伐。木材应用于建筑、家装、食品、餐饮等行业。目前我国木材采伐量较多的有广西、广东、云南、贵州、山东、河南、四川、安徽、福建、江西、湖南等省区。橡胶产品的主产区在海南与云南。松脂的主产区在福建、江西、广东、广西和云南。过去四十年林产品的产量与日俱增，近两年随着政策对森林砍伐的限制，砍伐量有所减少，但木材消费缺口巨大。

（四）渔业

渔业是通过对水体中的动物（鱼类、虾蟹类、贝类）和植物（藻类、水草类）进行养殖和捕捞来获取收益的社会生产部门，渔业为居民生活和国家建设提供食品和工业原料。渔业主要包含淡水养殖、淡水捕捞、海水养殖、近海捕捞、远洋捕捞等不同行业。其中，养殖与捕捞的比重约为 75：25。渔业发展需要水域空间，过度发展会影响生态平衡。基于生态的考量，内陆重要水面已经开始治水和禁养，渔民上岸工程不断推进。大宗水产品趋于饱和，渔业呈现整体过剩，优质品待发展；内陆和近海过剩，远洋捕捞待发展的局面。

1. 淡水捕捞

淡水捕捞为在内陆的江河、湖泊、水库等水域开展水产捕捞。在 20 世纪 90 年代，太湖上有 7 000 余户渔民，4 000 多艘渔船。十几年来，内陆天然渔业资源持续衰退，水面缩小，过度捕捞，水域污染，养殖空间增加，设置禁捕期，淡水捕捞量已接近最大潜力，增长十分缓慢。2005 年淡水捕捞水产产量达到 220 万吨，到 2016 年仅增加 10 万吨。淡水捕捞的空间也受到限制，水源地保护区和自然保护区不断设立，渔民上岸工程持续推进，淡水捕捞业全面压减，将逐步全面禁止。

我国淡水捕捞主要分布于江苏、安徽、江西、湖北，鄱阳湖、洞庭湖、太湖、洪泽湖等是传统的淡水捕捞的重要水面。野生淡水产品质好、数量少，但未来增长空间不大，已经供不应求、价格高企，比养殖类水产品价格高出一倍。淡水捕捞需要办理相关手续，渔民的数量在持续减少。目前，淡水捕捞与餐饮、节事、旅游结合紧密，进一步提高了淡水捕捞水产品的附加值。例如查干湖冬捕，成为传承鱼作文化的重要活动，查干湖胖头鱼名扬全国，售价超过 50 元 / 斤，远远高于普通胖头鱼的价格（见图 4-45）。

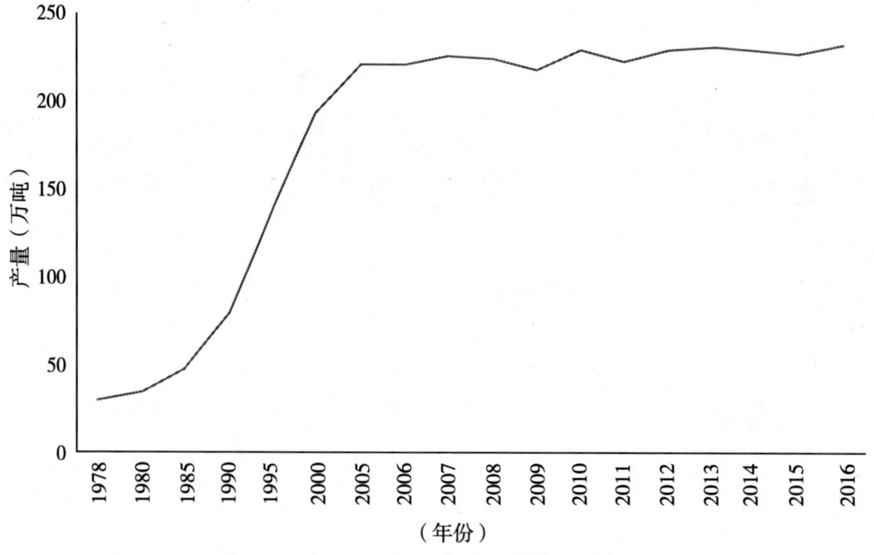

图 4–45　1978 年以来淡水捕捞量趋势图

注：据《中国统计年鉴 2017》整理。

2. 淡水养殖

淡水养殖利用江河、水库、湖泊、坑塘、沟渠、稻田、湿地和其他内陆水域进行水产养殖，我国淡水养殖面积和产量居世界首位。养殖的主要品种有四大家鱼、罗非鱼、多宝鱼、泥鳅、黄鳝、鲤鱼、鲫鱼等鱼类；小龙虾、河虾等虾类；淡水贝类；河蟹；娃娃鱼、牛蛙、鳄鱼、甲鱼、乌龟等两栖爬行类；锦鲤、龙鱼、金鱼等观赏鱼类。

地域空间上，除西藏之外全国各省区市均有淡水养殖产业分布，其中江苏、安徽、江西、湖北、湖南、广东产量较高。水产品目前在餐桌上受到追捧，消费量与日俱增，自 1978 年以来持续增长，无论是鱼类、贝类还是其他经济型种类和植物，均呈增长态势。淡水养殖需要占据一定的水面空间，以池塘养殖和网箱养殖为主，目前能够合法开展养殖的水面接近饱和，没有新的发展空间。不少大型水面已经全面禁止养殖。在水网区将河湖水引入人工坑塘进行养殖成了水产养殖的新空间，但对耕地的侵占现象严重。过去基本农田保护区范围内禁止开挖坑塘进行养殖，但基本没有约束力，江苏、浙江滨太湖地带屡见不鲜，有扩大趋势，养殖水面占到耕地面积的三分之一以上。在永久基本农田保护的思路下，将严禁占用永久基本农田进行水产养殖，因此，可利用的水面将进一步收缩。

淡水鱼类味道鲜美、地域分布广泛，在餐桌上消费日益增多。2016 年，淡水鱼类养殖品种中，四大家鱼、鲤鱼、罗非鱼养殖数量超过 150 万吨，各类淡水鱼品种增长率大多在 4% 以上，常见养殖鱼类仅鲑鱼呈大幅下降趋势，而主要受产量而非市场限制。泥鳅、鮰鱼、鳟鱼、银鱼、黄颡鱼养殖增长超过 9%。除淡水鱼类，其他养殖品种增长率一般在 2% 以上，其中小龙虾（克氏原螯虾）增长率亮眼，2016 年比 2015 年增长了 17.85%；观赏鱼增长了 15.21%。

3. 海洋捕捞

海洋捕捞按照方位可划分为近海捕捞与远洋捕捞。我国有 11 个沿海省区市，是海洋渔业开展的主要空间（见图 4-46）。

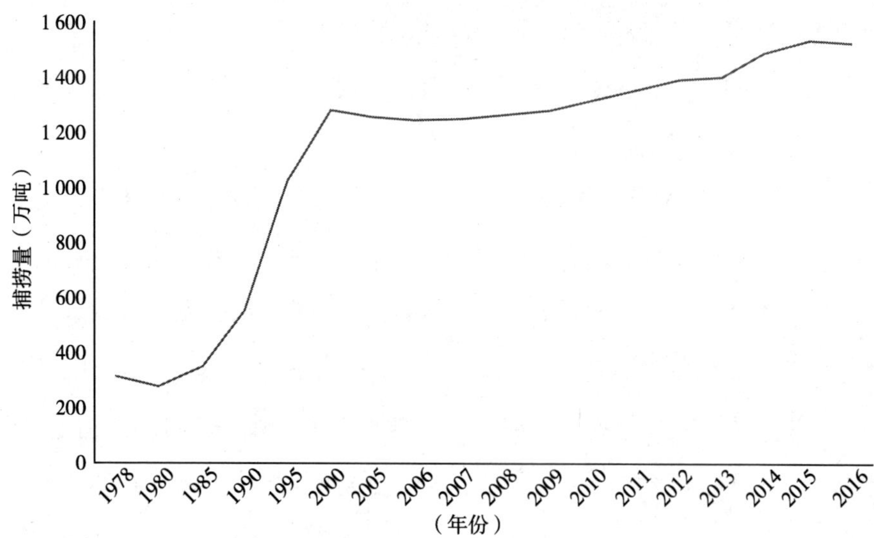

图 4–46　1978 年以来海水捕捞量趋势（含近海与远洋）

注：据《中国统计年鉴 2017》整理。

（1）近海捕捞

近海捕捞是指在离本国本地区较近的海面内开展海洋捕捞的行业部门，一般在大陆架范围内，近海海陆交汇、淡水汇入，海浅、滩宽、地势平坦，水体营养丰富，海洋生物种类繁多。我国近海捕捞量多年居世界首位，2015 年，近海捕捞量为 1315 万吨，渔业资源利用严重饱和。为保护生态平衡和渔业资源的可持续性，在鱼类产卵和繁殖期间，我国每年实施海洋伏季休渔制度。2018 年，根据海域不同，我国近海休渔时间在三个半月到四个半月不等。每年的禁渔期时间不等，但长度呈增长趋势。海产品总量还在增长，但主要来源为人工养殖，海洋捕捞增长乏力，2016 年出现了负增长。我国有大小渔场近千个，其中主要渔场有 52 个，舟山渔场、北部湾渔场、黄渤海渔场、南部沿海渔场是我国著名的四大渔场。但由于连年过渡捕捞和环境恶化，一些渔场渔业资源几近枯竭，名不副实。海洋捕捞量较大的主要省份有浙江、福建、山东、广东、海南、广西、辽宁，年均产量在 100 万吨以上；浙江省居首位，2016 年达到 388 万吨。根据渔业规划，未来国内捕捞量将受到限制，每年不超过 1 000 万吨。

（2）远洋捕捞

截至 2016 年年底，全国远洋渔业企业 162 家，比 2010 年增长 46%；12 个省区市及中农发集团开展远洋捕捞业务；在外作业远洋渔船 2 571 艘，比 2010 年增长 66%；远洋渔业总产量 199 万吨，比 2010 年增长 78%。作业海域涉及 42 个国家（地区）的管辖海域和太平洋、印度洋、大西洋公海以及南极海域。远洋渔业规划中提出，到 2020 年，全国远洋渔船总数稳定在 3 000 艘以内，渔船专业化、标准化、现代化程度显著提升，年产量 230 万吨左右，远洋渔业自捕水产品运回国内比例达 65% 以上。在如今的国际形势之下，国际海洋生态环境保护、渔业资源点的可持续利用成为重要的国际议题，公海纳入了区域渔业管理框架，各种限制日趋严格。因此，远洋渔业虽在我国渔业中所占比例不高，但需要走一条内涵发展之路。

（3）海水养殖（见图 4-47）

图 4–47　福州罗源湾畔的养鳗场

注：笔者 2009 年摄于福州罗源湾。

海水养殖为在海域进行水产品养殖，依托的空间有海面和滩涂，养殖的主要方式有围海池塘、网箱、养殖筏、吊笼、底播、工厂化。海水养殖的主要品种有鲈鱼、鲆鱼、大黄鱼、石斑鱼等鱼类；南美白对虾、斑节对虾等虾类；梭子蟹、青蟹等蟹类；牡蛎、扇贝、蛤、蛏等贝类；海带、裙带菜、紫菜等藻类；海参、海胆、珍珠、海蜇等其他经济品种。

在地域空间上，沿海各省区除上海之外均有海水养殖业分布，其中以辽宁、福建、山东、广东产量最高。2016年，全国海水养殖总面积达216.7万公顷，根据渔业规划，这个数字在未来将约束在200万公顷之内。辽宁与山东两省养殖面积占全国海洋养殖总面积的61.4%。不同的海洋生物养殖对海洋环境各有要求，但侵占海面和投放饵料等行为对海洋生态容量提出了挑战。如福建沿海的养鲍场，循环海水进行养殖，废水直接入海，破坏了沙滩岸线和近海水质。生蚝、鳗鱼、鲍鱼等海产品对水质环境要求很高，工业污染存在情况下，几乎不能开展，适合开展海水养殖的空间十分有限。

4. 渔业门类前景评价（见表4–3）

表4–3　渔业各部门前景评价分类

门类	消费前景	价格走势	地域限制	面临问题
淡水捕捞	较好	增长	小	政策高压 捕捞配额
淡水养殖	部分优质品好 大宗品种饱和	稳定	中	养殖水面受限 环境污染
近海捕捞	较好	增长	大	休渔期延长 渔业资源枯竭
远洋捕捞	较好	增长	大	国际关系 公海渔业管理
海水养殖	部分优质品好 大宗品种饱和	增长，但幅度减少	大	海水污染 空间收敛

一方面，水产消费符合现代人消费趋势，未来需求量将持续增长。另一方面，无论是养殖空间还是捕捞空间，没有继续增长的潜力。受政策与

渔业资源限制，捕捞量将持续萎缩，环境保护日益严格，水产养殖空间也将受到限制。因此，渔业单位收益会保持稳定或上涨，但渔业总体产量会持续下滑。在这种形势之下，乡村发展渔业不能单纯依靠无节制的资源攫取和养殖规模扩大，应保护和利用好珍贵的渔业资源，依靠引入良种、提升单位产出来发展。延长产业链，由出售初级品到出售加工品、名优品，提升产品附加值。利用好渔业发展的水体环境，向服务业拓展延伸（见图 4-48）。

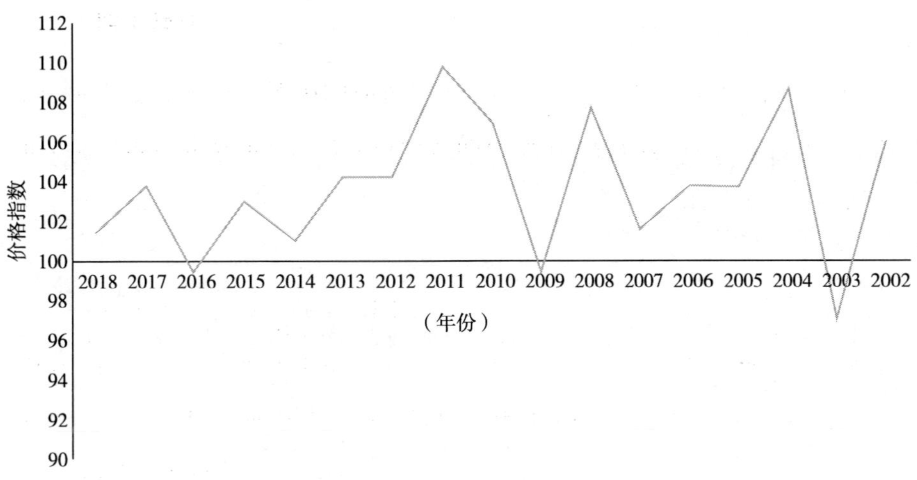

图 4-48　历年水产生产者价格指数趋势

注：据国家统计局公布数据整理。

二、乡村第二产业

第二产业即“工业和建筑业”。传统意义上认为，乡村地区不应该发展第二产业，因为乡村的内涵是以第一产业为基础的地域空间。随着农业现代化的推进，农业无法承载的农业人口势必要转向其他产业领域。农民或者转变为市民身份融入城市生活，或者走向城市成为城市外来务工者，或者在乡村地区开展“离土不离乡”的产业活动。在我国乡村地区出现的

“块状工业”是乡村工业化的一个典型路径。长期以来这种乡村工业由于层次不高、污染严重，面临着诸多问题，处在转型探索之中。需要明确的是，乡村发展第二产业，不应该与工业园区的第二产业类型相同，而应发展适合乡村资源环境特点的第二产业，如鲜活农产品加工业、农业废物废料加工业、无污染的轻工业、人员密集的手工业等。既承接了乡村的传统产业，符合乡村地域的传统风貌，又发挥了乡村的劳动力优势。这些适合乡村发展的第二产业有以乡村第一产业为原材料的农产品加工业，也有利用乡村空间吸纳乡村富余劳动力的特色手工业和特色加工业等。

（一）农产品加工

农产品加工业是乡村第一产业的下游产业，也是吸纳农村就业、促进乡村发展、提升农业附加值的重要产业。由于能够延伸农业产业链，带动乡村致富，政府一直非常重视农产品加工业的发展，从多渠道对农产品加工业进行减税和补贴。2017 年修订的《企业所得税法》第二十七条规定，企业从事农林牧渔业项目所得可以免征、减征企业所得税。《企业所得税法实施条例》做了具体规定，把农产品初加工列为所得税免征范围。2011 年财政部、国家税务总局《关于享受企业所得税优惠的农产品初加工有关范围的补充通知》(财税〔2011〕26 号）进一步规范了农产品初加工企业所得税优惠政策，对相关事项进行了细化。《国务院办公厅关于进一步促进农产品加工业发展的意见》(国办发〔2016〕93 号）系统地提出了农产品加工业的政策鼓励方向。各地方政府对产地初加工补贴以及加工农产品的出口退税政策力度很大。农产品加工可划分为农产品初加工和农产品深加工两个行业。

1. 初加工

农产品初加工不改变农产品的基本成分，经过储藏、保鲜、烘干、清选分级、包装等工艺环节，使农产品成为初步可以面向流通的商品，以粮食、油料、薯类、果品、蔬菜、茶叶、菌类、中药材、木材、肉类等初加工为重点类型。由于工艺简单，原材料为乡村的农产品，能够因地制宜由农户个人、农业合作社或农民开办的小型加工企业参与。农产品初加工不仅就地利用了本地特色农产品，同时有利于扩大农业规模化和优质化，与出售原材料相比提升了产品附加值，从而形成特色农业品牌。

种植作物初加工的主要产品有面粉、大米、鲜食玉米、淀粉、薯片、豆芽、净菜、半成品菜、晾晒制果蔬干、果仁、各类水果、杂粮米面、各种油类、油渣、制糖原料、茶叶、中药饮片、棉、丝绵、麻绳、干草等。畜牧业初加工产品有分割肉类、鲜蛋、生皮、羽绒、蜂产品、奶制品、鲜活水产品与冷冻水产品、干制水产品。林产品初加工产品有木材、橡胶、生漆、茶树油等。

2. 深加工

农产品深加工对农产品和经过初加工的农产品进行深度加工，深加工相对于初加工来说，工艺更为复杂，对农产品性状改变更大。通过农产品深加工，获取新的物质、成分和商品，从而极大提高农产品本身的附加值。主要形式有主食制作、成分提取、果汁、饮料、酿酒、调味品酿造、速冻果蔬、脱水果蔬、加工副食等，甚至可以延长至家具、材料、日化等行业。传统的农产品深加工行业如调味品酿造、酿酒、副食制作等往往穿插着传统制作工艺，代表着地域形象，形成地域特色产品，并能带动一批相关产业，例如豆腐、霉干菜、葡萄干、黄酒、陈醋等。但值得注意的是，部分农产品深加工行业用地需求过大，环保要求较高，并不适合乡村地域环境，需要入驻工业园区，在产业规划时应避免引入。

3. 农业副产品加工

通过传统工艺或新技术对秸秆、稻壳、米糠、麦麸、饼粕、皮渣、畜禽皮毛骨血粪、水产品皮骨内脏等副产物综合利用，挖掘农产品加工潜力，提高整体增值空间。农业副产品相对主产品价值不高，在技术水平较低的状态下，被当作废料丢弃，不仅造成了物质浪费，而且一些传统的处理方式会对环境带来比较大的威胁，如焚烧秸秆已经成为重要的污染源之一。农业副产品的加工不仅要经济可行，更要环境友好。通过副产品加工环节，有效利用了副产品，提高收益，减轻了环境负担，是保障农业可持续性的重要环节。

动物性粪便、内脏可作为生物沼气原料，部分植物残渣经过处理后可还田，植物纤维用于纸张、材料生产，动物皮毛骨可生产骨粉、皮革、羽绒，副产品的有益物质提取可制造有机肥、蛋白粉、膳食纤维、甲壳素等。2016 年，国务院出台《关于推进农业废弃物资源化利用试点的方案》，提出对于畜禽粪污，分类采取干湿分离或沼气转化等方式进行综合利用；对于病死畜禽，通过专业无害化处理中心集中处理；对于农作物秸秆，采取肥料化、饲料化、燃料化、基料化、原料化等多种方式综合利用，秸秆造纸、麦壳制作餐具等产品在市场上已经屡见不鲜；对于废旧农膜及废弃农药包装物，探索基于市场机制的回收处理再利用机制。

（二）特色手工业

特色手工业根植于传统地域文化，是依靠民间匠人传承技艺，通过传统或创新的制造技术，生产日用品、服饰、民间艺术品等的行业部门。特色手工业传承地域文化，在乡村空间开展，不需过多的设备，不会带来污染，有利于农民增收。经编、刺绣、剪纸、陶瓷、藤编、木雕、玉雕等手工技艺结合特定地域的原材料，独具特色，源远流长，艺术价值与经济价值很高，与休闲旅游等服务业易结合，往往成为各地乡村着力发展和扶持的产业。

蔚县南张庄村被称为“中国剪纸第一村”，是全国最大的剪纸专业村。

全村400余户，剪纸厂达30家，更是吸引了一批外来手工艺者在此居住。大理剑川文华村是一个以剑川白族刺绣为特色的专业村，刺绣技艺运用于服饰、头饰、鞋帽、针线包、枕套、帐帘等日常生活用品中。全村60%的农户从事刺绣、布扎行业，文华村制作的绣花鞋年产量十多万双，年产值达到320万元。在国外，一些小镇靠着传统手工艺传承了很多年。意大利的手艺制品闻名遐迩，依靠千年来的技艺传承，也涌现出了很多世界知名手工服饰品牌。目前我国特色手工业还处于保护和兴起阶段，创新及与现代生活结合不足，使手工品价格不高，需求不旺。手工艺技术与现代消费品的结合，将是乡村特色手工业的发展方向。

（三）特色轻工业

过去我国乡村的工业化有两大模式——温州模式与苏南模式，即家庭工业模式和乡镇企业模式。改革开放之后，乡村的工业化是我国工业化的一个组成部分，使很多地区快速走上了富裕之路，形成特色的乡村工业产业集群。然而，随着国际形势转变和国际竞争加剧，散小弱差的乡村工业模式受到极大冲击，在乡村工业化过程中，做大做强的企业搬迁至工业园区，市场份额不断扩大，乡村零散工业的生存环境日益恶劣。过去乡村工业主要为轻纺、印刷、包装、服装、五金零配件、小商品等类型，环境威胁大、景观风貌差，部分落后工艺濒临淘汰，需要筛选出适合乡村地域环境的新的产业类型，即特色轻工业。

乡村如若保持传统风貌，空间十分有限，适合发展能够灵活组织劳动力开展生产劳动的轻量级无污染型工业类型。下列轻工业品种可作为重点的发展方向。一是服装加工。在浙江湖州织里镇，乡村已看不到农事繁忙的村民，老老少少的村民都聚集在缝纫机前忙碌着。妇女设计图纸，组织邻居和家里的老人进行生产，男人们则在网上发布消息，去童装城招揽生意。一件小小的棉毛女童马甲，售价仅有十几元，利润能压低到一块以内，但每款童装的销售量可达几十万件，远销世界几十个国家，收入十分可观。二是手工仿古家具制造。一件纯手工的中式玄关，售价仅一百余元。能把成本和人工降到如此之低，离不开浙江东阳的特色生产组织模式。每一个家庭只负责木雕的一个细节的雕刻，熟能生巧，通过不同人之手，一件完整的家具便雕刻好了，价格约为其他地区木雕家具的二分之一。虽然标准化被人所诟病，但由于其低廉的价格，在市场上迅速打开销路。三是家庭作坊式加工。除了服装和家具，2000 年前后，浙江还在村里推广喷水织机。若每家农户拥有五六台织机，那么一年的收入可以达到十几万，一个村的喷水织机在高峰时达到 3 000 台。但目前家庭织机由于噪声和环境污染问题面临淘汰，开始向西部地区转移。适合家庭作坊生产的物品有很多，例如围巾、领带、袜子等小商品。家庭作坊式加工业投入低，占地少，风险小，成本低，就地就业，也免去了很多社会问题。家庭作坊面临的困境主要是环境保护和市场风险，需要培育地域产业集群以提升产业水平。

三、乡村第三产业

第三产业即服务业，服务业附加值高，劳动密集，大力发展服务业是产业升级的最终目标，对于乡村地区来说，自然环境优良，劳动力富余，村落空间充足，利用乡村的自然和物质环境来发展现代服务业，可以有效缓解目前乡村地区出现的发展困境，这也是目前各类乡村积极培育乡村三产的原因。乡村三产的培育，限制因素不在于环境、空间，最重要的是市场定位的准确，也就是需要使之具备现代服务业发展的优势；其次是文化及自然的适应性，在为乡村注入新业态之后，这种新业态应该充分反映乡村本土特征，而非业态的简单复制。只有满足这两点，乡村服务业才能持续发展。

（一）农技服务

农技服务是为农业提供知识保障的行业，在行业分类中，将农技服务归为第一产业，但农技服务没有直接产出和制造的产品，也可以划归为服务行业。农技服务直接面向农户，影响了农户的经营决策。农技服务的主要内容有农业技术培训推广、良种引进与推广、先进种植方式推广、动植物检疫、灾情预报、农资流通、农业信息传播等。

我国农技服务的开展依托于政府的农技服务体系，主要有农技推广站、畜牧兽医站和林区的林业站。政府主导的农技服务体系由于体制机制的原因，按照行政区划布置，难以适应目前农业产业化的进程。如今越来越多的大型资本介入农业领域，通过农业技术指导来覆盖更广大乡村地区的产业协作。自下而上的农技服务体系因农业生产模式和科学技术的进步而生，随着农业产业化进程的推进，农业机械租赁、职业农民的人力资源管理等新兴农业服务领域不断涌现。村民自购收割机在收获季节进行租赁、出租无人机进行农药喷洒等服务已非新鲜事物。

（二）农产品流通

农产品流通业是将农业产品以商品的形式由产地向消费地转移的行业部门。农产品流通包括农产品在流通过程中的收购、运输、储存、销售等一系列环节和要素。在乡村地区适合开展的类型有收购、存储和交易市场。农产品种类繁多，同一地区在不同年份不同季节农产品的类型和规模均不相同，不同品种的农产品对存储、保鲜和运输的要求也各不相同。生产的地域性与产品的消费地之间存在矛盾，产量年际存在差别。农产品本身的特征向农产品流通行业提出很高的要求。农产品的存储形式有普通通风库、窖藏、冷库、气调库等，同样要求在流通环节配合农产品品种特性采取不同的运输形式。同时，乡村地区配合当地的主导产品，建设农产品流通市场，能够促进农产品的销售，带动农业产业链的延伸，也有利于打响地域农业品牌。乡村地区建设农产品流通市场，乡村应有其独特的农产品产出，例如某类蔬菜水果、某类水产、某类茶叶或者畜牧产品。待市场份额扩展之后，可以增加更多的外来品种，发挥更加综合、全面的农产品流通作用。

（三）生活服务

生活服务业旨在为乡村居民提供生活需求配套服务。商务部 2016 年发布《关于促进农村生活服务业发展扩大农村服务消费的指导意见》（商服贸发〔2016〕378 号），该意见指出“农村生活服务业与农民生活密切相关，对于促进社会主义新农村建设、全面建成小康社会、扩大农村消费、推动农民创业就业具有重要意义。当前，我国农村生活服务业总体上发展水平较低，市场体系不健全、市场环境差、发展不平衡、服务质量不高等问题较突出，迫切需要加快健全农村生活服务体系”。目前乡村服务业需依托供销网络和自发组织的集市，保障基本日常生活需求，如菜篮子、理发、服装、百货等。但传统的乡村生活服务业发展水平不高，是公共服务上的短板，也是乡村与城市差距的重要表现之一。虽然电商已逐渐向乡村传播普及，但乡村地区居民平均年龄较高、配送成本高企，需要创新式的物流体系。目前，大型电商平台均推出了村级服务店，布局在中心村，为周边村民提供快递代收、代发、商品寄售及代购等服务。

（四）养老居住

在城市周边乡村，城里人去农村租一套村舍休闲养老的现象已经很常见。这是城市休闲需求外溢、人们追求田园生活的必然现象。北京郊区怀柔浅山区，不少城里人到此租赁房屋作为第二居所，一套村舍房租可达 10 万一年。在河北崇礼，山村里的农家院一个月不到 2 000 元便可租赁一间，周边不少市民前来住避暑。乡村闲置民宅日益增多，闲置民宅的利用需要引入新的产业。养老产业被提及较多。乡村发展养老产业有其先天优势，生态优美、环境清静，又有空间参与农事活动，对于交通便利、距离城市不远的乡村非常适合。但长期以来，受制于养老产业的准入门槛，这种想法仅仅停留在规划层面，目前难有项目落地实施。根本症结在于民宅的建筑环境不符合养老建筑和消防设计标准，养老项目无法落地。2018 年一号文件《中共中央国务院关于实施乡村振兴战略的意见》中对于养老产业提出“研究出台消防、特种行业经营等领域便利市场准入、加强事中事后监管的管理办法”，意味着这个问题已经在解决过程中。在软件上，发展养老产业同样面临困境。养老服务需要的人力资源比较缺乏，保障老年人生活健康的老年大学、健康医疗、休闲养生等资源不足。

（五）商务与文化

商务与文化产业是现代服务业的重要分支，主要涵盖如研发、创意、设计、广告、咨询、中介、金融、会展等行业。这些行业的主要布局区位是城市商务区，乡村地区环境下某些环节也适合商务与文化产业的发展。商务与文化是典型的智力密集型行业，融入自然的物质环境对人才可产生强大的吸引力，尤其是一些设计与创作行业，是典型的环境偏好型行业。

著名的水乡古镇乌镇除旅游观光功能之外，艺术、展览、设计师工作室等商务服务环节集聚，成为具有独特品位的乡村商务与创意聚集区。乌镇的成功并不意味着商务服务适合所有乡村地区效仿。研发、创意、设计对区位要求不高，但需要设计师和艺术家等高智力人力资源的聚集。这种聚集的发生很可能是偶然的，或受某位艺术家的影响，因此具体发生在哪个空间存在着不确定性。例如北京通州宋庄艺术区，成为世界最大的艺术家群落，衍生出一大批相关产业，根本原因是宋庄过去租金很低，距离中央美院和 798 艺术区又比较近，渐渐地在业内小有名气，并逐渐成长为集创作、展示、交易、文化和旅游于一体的艺术社区。深圳的大芬村是世界著名的油画村，起源于一个香港画家在此租住进行创作，现在大芬村甚至出现了工厂式的油画创作链条。不仅在大城市的周边，在浙江一些偏远的古村落中，也时常可见艺术家的画室、展览馆零星分布在各个村落之中，他们每年到此采风和创作，并留下一个画室进行展示，为乡村注入了新的生机和活力。商务与文化产业的发展，意味着乡村不仅仅为城市居民提供旅游、养老等服务业，还能够发挥区域和自身资源优势，发展自我造血的行业，从根本上实现乡村的振兴。

四、乡村第三产业的特殊行业——乡村旅游

乡村旅游是一个非常热的话题，几乎提到乡村产业的发展均离不开它。旅游业属现代服务业分支，之所以单独列举，是由乡村旅游业的独特性所决定的。旅游涉及食、住、行、游、购、娱，在乡村地域空间开展旅游业，这些旅游功能叠加在其他功能之上，并不过多影响其他功能的发挥，因此乡村旅游业是一个功能上附属行业。但如果乡村旅游业发展得好，不仅会带来巨大的经济利益，还能反作用于乡村农业和工业，三者共存共荣，共同发展。乡村旅游业开展的地域较广，不同区位条件下的乡村地域以不同的方式参与乡村旅游业，比上述提到的服务业部门适应性更强，因此更容易被接受和考虑。旅游业的兴旺反映了居民生活水平的提高，是一个追求幸福、令人快乐的行业，乡村以其物质资源条件成为旅游业的重要空间，前景广阔。同时，乡村旅游使妇女参与经济活动，极大地提高了农村妇女的经济地位，吸纳富余劳动力，提高了农民收入水平，改善了乡村风貌，有利于精准扶贫。

大城市、特大城市休闲需求旺盛，周边乡村地区的休闲业态在国内起步早。北京市早在 2009 年便出台了《乡村旅游特色业态标准及评定》，提出八大业态主题：国际驿站、采摘篱园、乡村酒店、养生山吧、休闲农庄、

生态渔家、山水人家、民族风苑。由于农业人口持续减少，乡村与农业是城里人日常所见不到的事物，它们本身便形成了对中心城市的巨大吸引力。郭焕成（2010）提出乡村旅游的模式有田园农业旅游、民俗风情旅游、农家乐旅游、村落乡镇旅游、休闲度假旅游、科普教育旅游、回归自然旅游等模式。

（一）旅游与农业景观

农业景观极具美学价值，是较容易介入旅游视野的元素。如草原天路和塞罕坝是北京周边著名的自驾游线路，它们主要由林场、农田和聚落构成。再如梯田本是在山地和坡地上开展农耕活动的耕作模式。梯田宽窄不一，顺应地势，线条弯曲自然；秧苗或嫩绿，或青黄，不经意间勾勒出一幅山水画卷。哈尼梯田、龙脊梯田等一批以梯田为主要景观的景区应运而生。梯田是过去山地乡村种植粮食作物的重要空间，随着粮食流通便利，梯田已经失去了农业价值，但由于其文化和旅游价值而被保存下来。与花相关的农业景观更是吸引人，新疆的薰衣草田、各地的油菜花田、杏花、桃花、梨花、海棠花、马铃薯花等，带来的游客每年可达到上亿人次，著名的景区不胜枚举。虽然这些景观可以说是地方旅游业发展的精品，但不难看出，这些地区首要的功能还是农业生产。虽然随着旅游业的发展，农业收入在区域经济中所占的比例有所下降，但农业依然是乡村旅游业立足和发展之本。

（二）旅游与农事活动

去乡村体验农事活动已经成为一种潮流。春天亲手体验插秧、播种、栽培的快乐；夏天亲手摘下成熟的果实和新鲜的蔬菜，割麦子、掰棒子、采棉花；秋天扬谷、脱粒、磨面粉；冬天烤番薯、烤土豆、制作冰糖葫芦、磨豆腐，等等。此外，不少具有地方特色的农事活动成为旅游的主题，剪窗花、制作陶艺、捏面人、捕鱼……例如在渔业地区，开渔节成了重要的活动，在那一天，不但有祭海、祭湖仪式，还能看到渔民出海千舟竞发的场景。在广西北部湾沿海，每年八月中旬开渔节期间，北海、防城港、钦州等酒店和民宿全部爆满。在草原地区，当牲畜到了一年中最肥壮的时候，赛马、赛羊等传统活动便开始了，实际上比的是牧民们的养殖技术，现在也已经成为重要的旅游活动。冬季的冬捕活动是独特的鱼作景观。农事活动能够丰富旅游体验，使游客亲身参与农业活动，符合旅游深度体验发展的趋势。

（三）旅游与乡土建筑

乡土建筑体现了土著居民对自然环境的适应性。房屋的材料、色彩、样式处处体现着审美情趣与建筑技巧。江南水乡建筑、皖南徽派建筑、西南少数民族传统建筑等成为体现地域特色的典型符号。太湖圩区的居民为了疏导洪水，数千年来挖掘了很多小的河道，村落便坐落在河道边，江南地区多雨炎热、植被茂密，白色和灰色的冷色调也适应了当地的气候特点。在京郊的爨底下村，村民采石建房，依山布局，既适应了环境，又符合了传统风水格局，是我国乡村山居艺术的典范。如果简单地把这种适应当地环境的乡土建筑复制到其他地区，是脱离地域环境、失去灵魂的机械行为。乡土建筑的独特性、美感和地域适应性令游客趋之若鹜，以乡土建筑为吸引物的景区大量涌现，乡土建筑在旅游宣传中扮演着视觉标志的角色。往往一张摄影师或游客不经意的照片，便会触动游客心中对怀旧的向往。审美和怀旧是乡土建筑在旅游中的首要应用，通过营造一种传统的生活氛围而实现。游客拍照或在民居里住宿，吃着当地特色美食，体味着作为当地村民的感受。这种传统村落和乡土建筑同样可引入文化创意、艺术演艺甚至研发商务等新兴产业，使乡村成为文化和旅游发展的新空间。

（四）旅游与乡村生活

城市生活方式被贴上了高强度、快节奏的标签，乡村生活方式则处处体现着亲近自然、自由和慢节奏的特征。而随着城市化进程加快，城市生活方式的普及，乡村生活更弥足珍贵。大城市郊区的乡村，一到节假日就变得人声鼎沸。人们结伴而来，带着亲戚朋友和孩子，远离城市的喧嚣，呼吸着新鲜空气，吃着新鲜有营养的农产品，在更开阔的空间活动。农家接待设施不一定十分现代，但也十分整齐和有趣，在北方房子一般只有一层，在南方最多不超过三层。推开窗户，空气中弥漫着花草的清香。到晚上，听不到车流的声音，只能听见虫鸣和蛙叫，抬头则是满眼的星光。孩子们白天去田里玩，看到他们没有见过的庄稼和蔬菜，从树上摘下的果子十分香甜。餐食是最接地气的农家饭，山野菜、菌类和乡土食物。有人说，人们对于乡村的向往写在了基因之中，城市化的推进使很多人天生便在城市。立足乡村整体环境的乡村旅游接待本是自发兴起的，这些村子要么在景区周边，要么距离城市较近，或者自身有历史文化价值。村民通过改造自家房屋来从事乡村旅游。随着游客的增多，逐渐有外来经营者租赁民宅开展旅游接待，有些投资商也开始进入这个领域，目前已经形成了一系列连锁品牌。外来资金的介入改变了传统的乡村模式，实际上已经异化为利用乡村生活和乡村环境来吸引游客。因此在乡村旅游发展中，还应注重本地居民的参与，同时防范过多外来文化的入侵。

（五）衍生的旅游活动

农事景观、农业活动、乡土建筑和乡村生活是乡村旅游发展的原动力。伴随乡村旅游的发展，更多活动不断在乡村地区出现，这些活动虽然是外来的，但对乡村旅游起着补充和完善的作用。利用乡村公共空间和自然环境可开展一些休闲娱乐活动，丰富游客体验，如利用自然环境的登山、徒步、漂流、戏水、露营、滑草、滑沙等，以及人工引入的骑马、游乐车、真人 CS 等活动。乡村也是开展科普教育的绝佳舞台。认识自然、认识动植物、认识农业、认识新的生活方式，通过参与活动、标本制作、教师讲解等方式向青少年传递日常难以接触和理解的知识。由乡村旅游发展可带动旅游纪念品销售。不仅是土特产品，文化创意产品也以其不可替代性成为乡村旅游中的重要元素。手工服饰、草编器具、陶瓷、刺绣、剪纸等过去面临手艺失传的技艺焕发新的生机。同时，富有地域特色的现代文创纪念品店也随着乡村旅游业的发展而出现。

第五章　规则与秩序：乡村旅游用地特征探索

在上一章提到乡村旅游是乡村新产业的重要类型，也是乡村发展新产业最易着手的方面，因此摆在面前的一个重要课题，便是什么地域的乡村能够发展乡村旅游业，这是本章试图回答的问题。乡村旅游用地作为一种叠加在其他功能之上的地域综合体，乡村旅游活动使其有了新的活力，近年来各地方政府致力于采用乡村旅游的经济手段进行精准扶贫，目的是使日益衰落的乡村注入新活力。笔者在内蒙古调研时，发现各村各户发展乡村旅游的意愿非常强烈，每个村都有各自的特色，但在市场容量相对有限的前提下，产业需先点、后线、再辐射整个区域。在乡村旅游的培育中，如何选择优势乡村？乡村旅游的经济手段究竟在什么地方可以发展，什么地方不行？适合发展乡村旅游的区域又应该如何发展乡村旅游？本章将针对以上问题进行讨论，尝试解决乡村旅游发展的区位问题。

乡村旅游是现代旅游业向传统农业延伸的新尝试，通过旅游业的推动，将生态农业和生态旅游业进行了有机融合，是一种新型的产业形式（郭焕成，韩非，2010），依托乡村的空间及物质资料（Fleischer & Tchetchik，2005）发展的旅游业，是农业和服务业跨界的产业。在国际上，乡村旅游是旅游的重要组成部分。许多国家开展了乡村旅游的发展实践。乡村旅游因农业受益，乡村旅游依托乡村设施环境，乡村旅游是农业的替代活动之一，而游客的到访无疑增加了农产品的附加值，旅游也使乡村设施完善，提升了乡村的现代化水平（Fleischer & Tchetchik，2006）。以色列是一个农业大国，相关的乡村旅游需求来自有孩子的年轻家庭，夫妻双方受过大学教育，具有中高水平收入，但经营的规模仅仅是部分季节经营的小型商业，收入水平也很低（Fleischer & Pizam，1997）。在意大利的托斯卡纳，由于农业收入与工业工资之比持续降低，乡村逐渐失去了大部分人口，农村危机到来，在20世纪70年代，托斯卡纳的乡村涌入了大量外国人购买村舍，后政府成立了国家农业旅游协会，出台了《农业住宿条例》等政府扶持政策，以及住房、设施和公共服务扶持政策，农业产业集群和农业休闲政策（Randelli et al.，2014）。土耳其农村贫困家庭约30%，人口向城市迁移，年轻劳动力消失，公共服务欠缺，富余劳动力投资很少，人口的现代化意识不强，这些问题困扰着乡村，发展乡村旅游十分迫切（Akin et al.，2015）。西班牙的发展实践表明，传统的乡村旅游是回乡度过假期，忠诚度很高但消费较低，这种旅游方式依托于乡村的住宿设施。现代的乡村旅游逐渐转变为对乡村自然资源的兴趣，旅游者们开展徒步、自行车、吉普车、钓鱼等活动（Perales，2002）。斯洛伐克的Roznava Okres实施了一项三年的乡村旅游培育计划，他们的手段是：建立一个活跃的乡村旅游协会及一个官方认证的乡村信息中心、旅游服务中心，创新乡村特色商品，支持现有的旅游业，并扶持新企业；建立旅游供应网络，增强美学景观要素，寻求国际发展伙伴（Clarke et al.，2001）。二战之后，日本面临着人口减少和老龄化问题，1955年出台了支持乡村酒店的法令，乡村发展中逐渐出现了这样的思潮，即乡村不仅意味着农业和农村人口，也是国家的公共财产，人们可以在这里放松和平和心境，乡村景观可以提供环境、动植物、特色餐饮和传统文化等，发展乡村旅游能够提升妇女地位，但面临着消防安全、食品卫生和建筑使用等方面的问题（Arahi，1998）。

在我国乡村旅游已成为旅游业的特色分支，农业转型的重要方向，乡村地域发展的独特路径，振兴农村的替代性产业，在乡村振兴和特色产业发展中不可或缺。乡村旅游从 20 世纪 90 年代受到国际学术界关注（Butler et al.，1997；Lane，1994），成为旅游研究中的重要领域；之后依旧热度不减，尤其在国内，实践与理论出现了热潮。目前主要的研究领域涉及产业特征（Sharpley，2002；Getz & Carlsen，2000）、发展路径（Wilson et al.，2001）、区域发展实践（Park & Yoon，2009；Reichel et al.，2000）、需求特征（Devesa et al.，2010；Bel et al.，2015；Pina I & Delfa，2005；Hernández-Mogollón et al.，2012；Guzman-Parra et al.，2015）、空间布局与区位因素（Lee et al.，2013；秦学，2008；许贤棠 等，2015；郭焕成 等，2008；王润 等，2010；张广海，孟禺，2016；Monzonis & Olivares，2012；Randelli et al.，2014）等研究方向。

在我国，由于乡村旅游与乡村振兴与精准扶贫等区域发展政策目标相契合，乡村旅游研究的热潮近些年已然来临。其中乡村旅游空间布局与区位因素研究是旅游地理学关注的热点，学者认为我国乡村旅游空间结构处于初级形态；乡村旅游的空间分布形态差异显著（秦学，2008）。发展形态是聚集式分布，围绕城市、交通展开，表现为“傍景”“环城”“沿路”（许贤棠 等，2015），并受城镇人口数量影响（张广海，孟禺，2016）。学者对具体案例进行分析，如对北京乡村旅游的空间分析发现，布局呈现近郊、中郊平原区、远郊山区三大圈层结构，与风景旅游区相结合，形成十大发展基地（郭焕成等，2008），发展的依托是大型景区和传统农业发展（王润 等，2010）。国外学者将影响乡村旅游空间的因素归纳为自然（气候、景观）、社会经济（人口、经济活动）、政策（管理者、规划、设计）及旅游系统（资源、可进入性、基础设施）四方面，并将其应用到瓦伦西亚的乡村旅游规划中（Monzonis & Olivares，2012）。通过经济地理学方法，发现托斯卡纳的乡村旅游受到设施、农民、区域、政策、市场五个因素的影响（Randelli et al.，2014）。测量手段依靠地理空间模型，如对我国乡村旅游示范点的布局研究（许贤棠 等，2015）、地理中心性和网络分析对韩国乡村旅游开发村庄的分类研究（Lee et al.，2013）。乡村旅游空间布局与区位因素研究探寻归纳乡村旅游发展的空间类型模式、空间作用因子，识别乡村旅游发展集聚区，相关研究结果被广泛应用于乡村旅游规划、农村政策制定以及产业实践中。旅游地理学关注地理空间上的"结果"，与大数据思维异曲同工。过去，在旅游空间领域，找到足够多的样本或者凭着研究者的感性认识，亦获得许多有益的结论，乡村旅游点的空间分布、乡村旅游的类型特征（郭焕成，吕明伟，2008）等领域研究均建立在对整体样本的抽样（如人为设定统计口径）或有经验的研究者的个人判断基础之上。本章秉承旅游地理学空间分析的思路，应用大数据提取技术，通过网络技术获取某一时间断面全部的乡村旅游空间数据，依托地理空间数据库赋予自然、社会、经济多个属性，与以往的旅游地理研究相比，极大地提高了数据获取数量，与现有的旅游大数据研究相比，避免停留在"什么""怎么样"的表象描述层面，增加空间分析环节，以探讨深层原因。

一、获取乡村旅游发展数据的一个方法

过去采用抽样方法在有限的样本条件下去估计整体的特征是统计学的基本假设。随着互联网技术的发展和电脑软硬件条件的突破，获取全部数据已经成为可能。大数据思维强调全部样本、结果导向，采用统计学方法为决策提供数据关联结果。旅游大数据学术研究领域，2012 年后大数据理念和互联网思维出现普及态势，相关学术研究日益增多。目前国内外旅游大数据研究集中于智慧旅游（郝志刚，2016；Kitchin，2014）、客户挖

掘（梁昌勇 等，2015；黄英 等，2014；吴茂英，黄克己，2014）、目的地营销与管理（Buhalis & Amaranggana，2013；唐晓云，2014；Fuchs et al.，2014）、管理或统计系统构建（Heerschap et al.，2014；许峰 等，2016）等领域，大数据的方法突破了过去数据抽样带来的信息量损失，应用领域不断突破。旅游大数据在游客目的地选择和市场营销方面具有理论和实践的双重意义，数据获取关注消费者行为和消费者意向，较少由供给侧考虑。

笔者将研究区域集中于京津冀地区。京津冀地缘相近，虽有经济发展水平上的断层，但随着近年来京津冀协同发展上升为国家战略，已经在一体化发展方面取得显著成绩。京津冀区域包含北京、天津两个直辖市，以及河北省十一个地市。区域总面积 21.5 万平方千米（ArcGIS 软件提取），截至 2015 年年底，总人口 1.1 亿，其中天津市城镇化率达到 90%，北京市达到 86%，河北省达到 50%，乡村人口成为少数。京津冀地区经济较为发达，旅游休闲需求旺盛。风景旅游资源众多，旅游业发达。地貌类型多样，提供了足够的研究空间。京津冀乡村旅游的协同发展稳步推进，京津总人口占到京津冀地区的三分之一，而河北省超过一半的城市人口也带来了大量的休闲旅游需求。根据旅游统计，京津在河北省旅游客源份额中占有绝对地位，因此，将京津冀作为一个统一的研究区域具有可行性，而打破行政区的京津冀全域研究也更有意义。

在这里尽可能将全部的乡村旅游大数据信息进行收集。那么哪里有这些信息呢？一方面，可以从政府的名录之中获取。政府在乡村旅游发展中一直起着非常重要的作用，政府层面也一直在鼓励乡村旅游的发展，从农业和旅游管理部门笔者筛选出了如下的名录：①全国休闲农业与乡村旅游示范点（2010—2015 年）；②中国最美休闲乡村（2014—2015 年）；③中国美丽田园（2014—2015 年）；④河北省认定的最美休闲乡村与美丽田园（2015 年）；⑤北京最美乡村（2006—2014 年）；⑥河北省休闲农业与乡村旅游示范点（2015 年）；⑦天津市休闲农业示范园区、示范村（点）认定（2014—2015 年）。除去这种直接的名录获取办法，笔者使用了大众点评网的信息。大众点评网是一个基于顾客生成系统的生活服务口碑网站，在分类中，通过搜索“生态园”“农场”“采摘园”“观光农业园”等关键词，可以找到很多乡村旅游点的信息。采用火车头软件抓取工具从“大众点评网”获得企业名录数据。一种为政府名录，一种为市场自发形成的名录，有一些重复的，那么进行删除；再剔除明显非旅游类村落、城市内部数据及同一位置不同名称的记录，最终获得 2 269 条有效信息。这些信息可以生成一个 Excel 表格。

生成了乡村旅游的名录，还要将其转变为地理信息图层。这就要借助一个好用的工具——经纬度地图。网络上有许多经纬度查询工具，如本章所采用的这个网站：http：//www.gpsspg.com/maps.htm。这个网站支持单点查询和批量查询。如查询“北京蟹岛度假村”，由于这个地址比较明确，可以直接查询到结果，如图 5-1 所示，可以看到不同的在线地图平台，可查询到不同的结果。根据验证，谷歌地图的结果偏移是最小的，在 0.5 米之内，其他地图平台偏移 10 米左右，谷歌地图给出的经纬度数据可以满足研究所需要的数据精度要求。批量查询可以下载经纬度的 txt 文件。在查询中，一些乡村旅游点不知名，很难查询到，这就需要再利用具体的地址单独进行查询。

蟹岛度假村的纬度为 40.0154222798，经度为 116.5516193254，在 ArcGIS 软件中可以将其具体化。具体的操作是：将经纬度制成 Excel 表格，在 ArcGIS 软件中进行加载，这时还是不能显示，鼠标右键单击图层“dispaly XY data”，将经度选为横坐标，纬度选为纵坐标。地理坐标选择的是 WGS1984。当所有属性设置好后，可以看到图像上能够显示出点的图像了。当然如果后续进行空间分析，还要将地理坐标转变为投影坐标，使用 project 工具便可完成。

二、乡村旅游发展的优势区

（一）研究的主要思路

乡村旅游发展的影响因素复杂，涉及自然、经济、社会等多个要素，为了不遗漏某个要素，本研究收集涉及京津冀乡村旅游发展的行政区划数据（国家科技信息平台）、高程栅格数据（地理空间数字云）、30 年平均降水栅格数据（国家科技信息平台）、30 年平均气温栅格数据（国家科技信息平台）、农业生产力栅格数据（国家科技信息平台）、路网矢量数据（openstreetmap）、水网矢量数据（openstreetmap）、人口密度栅格数据（美国橡树岭实验室）、人均 GDP 栅格数据（中科院地理所），剔除了位于市区的景区点数据（北京、天津、河北旅游主管部门）等自然、经济、社会要素作为备选区位因子。

数据的空间处理流程按照下面的步骤进行分析。①乡村旅游点数据空间定位。将 2 269 条乡村旅游点记录按照地址进行经纬度空间定位，并通过 ArcGIS 软件读取保存为矢量图层，上文已经详细介绍过空间定位的流程和方法。②筛选自然、经济、社会属性要素，通过乡村旅游点空间位置提取栅格象元值，将提取值作为乡村旅游点图层的属性字段。对于某些点状数据不易表达或不够准确的属性，如路网、水网、GDP、农业生产力等属性,求取乡村旅游点一定辐射范围内(取 15 千米网格)的平均值或密度值。针对区位要素，如到中心城市的距离、到京津的距离、到水网的距离、到景区的距离等属性，采取最邻近距离的指标，提取每个乡村旅游点到相关邻近要素的最近距离，将距离生成乡村旅游点的属性字段。③利用 SPSS 统计分析软件将有关乡村旅游点的 12 个属性字段进行降维处理（因子分析），根据降维处理的结果，剔除 3 个属性列，剩余 9 个属性值，构成了 3 个主成分：乡村旅游本底条件、配套设施条件、客源吸引潜力。④ 3 个主成分形成三个维度，可将所有乡村旅游点划分为 8 种类型。利用 SPSS 软件进行 K- 均值聚类分析，选定 8 种分类，将分类结果根据三个主成分进行统计检验，将没有显著性差异的类型及数量很少（<20）的类型进行合并。⑤文本分析归纳产品类型。运用文本分析工具对乡村旅游点名称进行中文断句,SPSS 软件统计词频。⑥按照空间属性对每种类型进行特征刻画，并归纳其空间分布特征与形成机制（见图 5-1）。

从自然、社会、经济等角度提炼影响乡村旅游的空间区位因素在研究中较为常见（许贤棠 等，2015；王润 等，2010；张广海，孟禺，2016；Monzonis & Olivares，2012；Randelli et al.，2014），景观学者认为乡村旅游具有自然、山脉、建筑等偏好的特定景观类型（Carneiro et al.，2015）。西班牙学者在影响乡村旅游可持续发展的社会、经济、环境指标基础上，着重探讨了距离主成分对乡村旅游的影响（Blancas et al.，2011）。由现有文献归纳指标，从而本研究收集了休闲环境、旅游资源、交通区位、社会经济等方面的 12 个指标作为分析的基本数据，指标的获取与计算方法见表 5-1。

表 5–1　乡村旅游点地理空间数据获取

指标	符号	数据来源	计算方法	指标说明
平均温度	N1	全国 1KM2 温度栅格数据	提取象元值	平均温度是气候的重要表征，在夏季，较低的温度对旅游有积极意义
平均降水	N2	全国 1KM2 降水栅格数据	提取象元值	平均降水是气候的重要表征，尤其是在休闲度假中具有重要意义
农业生产力	N3	全国 1KM2 农业生产力栅格数据	提取象元值	农业生产是乡村旅游发展的重要依托，开展观光、采摘等活动

续表

指标	符号	数据来源	计算方法	指标说明
人口	N4	全国1KM2六普人口密度栅格数据	研究区划分为15千米×15千米网格，赋值网格内总人口	人口作为区域的重要社会因素，一般也作为考虑因素之一，取点值无意义，故赋值缓冲区的数值
GDP	N5	全国1KM2平均GDP栅格数据	研究区划分为15千米×15千米网格，赋值网格内平均GDP	GDP是第三产业发展的重要基础，取点值无意义，故赋值缓冲区的数值
高程	N6	京津冀30米间隔DEM	提取象元值	地形对旅游发展、景观变换有重要影响
路网密度	N7	京津冀路网矢量数据	研究区划分为15千米×15千米网格，赋值网格内路网长度	路网是设施建设水平的标志，设施建设对旅游发展的促进作用重大
水网密度	N8	京津冀水网矢量数据	研究区划分为15千米×15千米网格，赋值网格内水网长度	水网是环境建设水平的标志，环境建设对旅游发展的促进作用重大
与中心城市的距离	N9	京津冀13个中心城市矢量数据	计算乡村旅游点到最邻近的中心城市距离	部分乡村旅游点为城市休闲餐饮需求提供配套设施
与京津的距离	N10	北京、天津的空间定位	计算乡村旅游点到北京、天津的最近距离	北京、天津是京津冀的需求中心，城市化程度高，在市场调查中得到印证
与景区的距离	N11	京津冀4A、5A级剔除位于城市中心的景区	计算乡村旅游点到景区的最近距离	大型景区对乡村旅游发展有至关重要的意义
与水的距离	N12	京津冀水网矢量数据	计算乡村旅游点到水体的最近距离	在北方地区，水体条件是休闲度假环境的重要组成部分

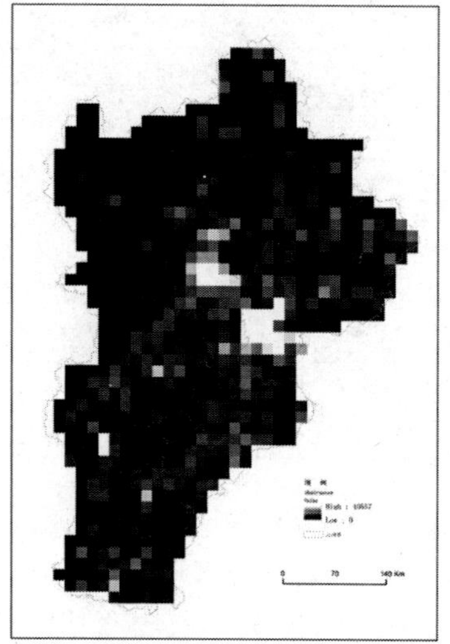
(a) 水网密度

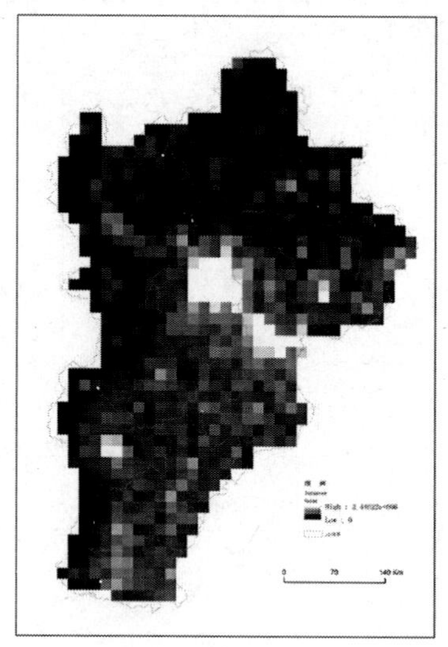
(b) 路网密度

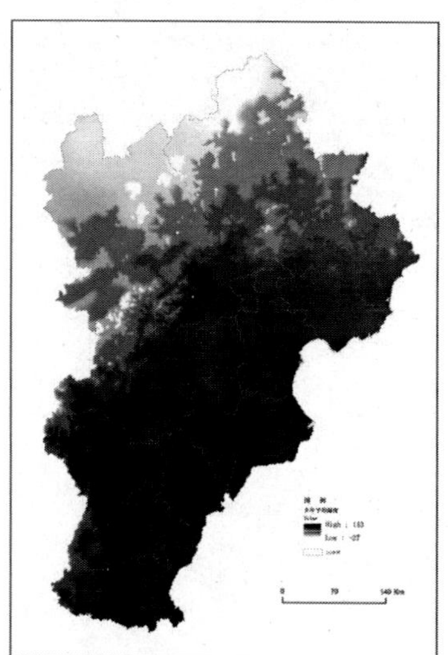
(c) 多年平均温度

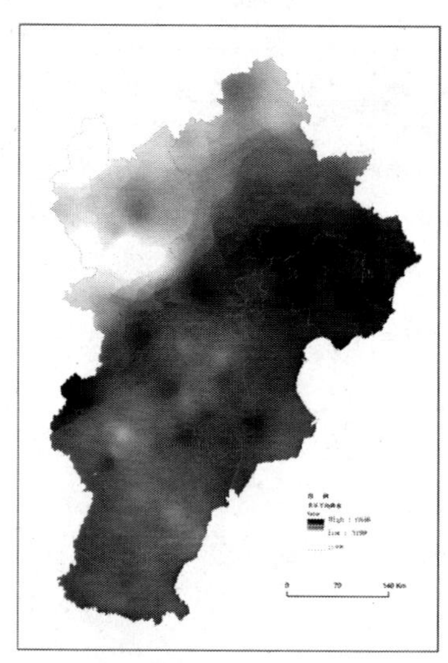
(d) 多年平均降水

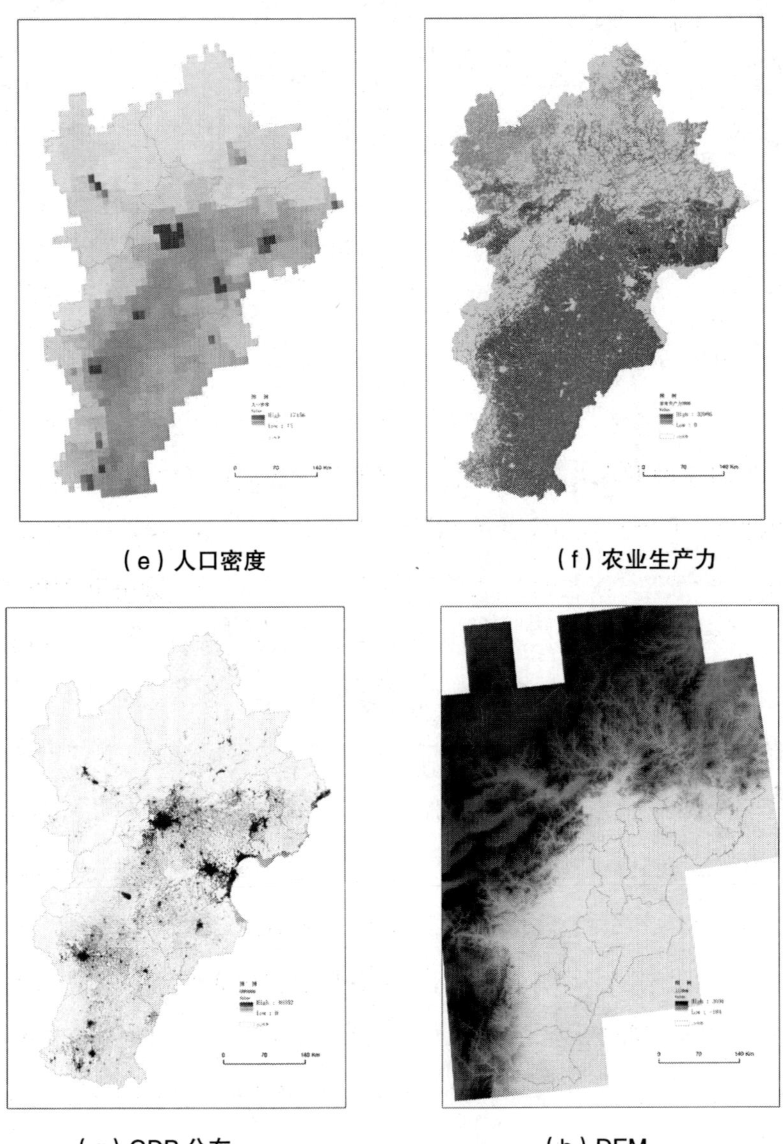

（e）人口密度　（f）农业生产力

（g）GDP 分布　（h）DEM

图 5-1　社会经济属性要素图层

12 个指标数量很多，其中不少指标之间具相关关系，使得主要的变化因素得不到验证。为了减少指标数量，简化分析维度，采用降维处理，利用因子分析法（巴特利特球形检验 =0.662>0.5，sig.=0.000，适合进行因子分析)，无量纲处理后，将 12 个指标剔除了平均温度、人口密度、GDP 3 个，剩余 9 个。9 个空间属性指标组成了 3 个主成分，三个主成分可归纳为乡村旅游本底条件（F_1）、配套设施条件（F_2）、客源吸引潜力（F_3），具体表达式为：

$F_1 = 0.636Z(N_2) + 0.419Z(N_3) - 0.909Z(N_6) - 0.627Z(N_9) - 0.703Z(N_{12})$

$F_2 = 0.878Z(N_7) + 0.864Z(N_8)$

$F_3 = -0.476Z(N_{10}) - 0.695Z(N_{11})$

Z 代表无量纲处理后的数值，三个主成分以高值代表正向。

第一个主成分可定义为乡村旅游本底条件，用以表征乡村旅游发展潜力的基础条件。乡村旅游本底条件由 5 个因子构成。这些条件是促成乡村旅游发展的根本性因素，包括平均降水（N_2）、农业生产力（N_3）、高程（N_6）、与中心城市的距离（N_9）以及与水的距离（N_{12}）。平均降水、高程不但是生态环境的决定性因素，而且与平均温度共同影响着农业生产力的高低，降水与温度意味着气候条件，高程意味着土地耕作条件。农业生产力是温度降水等自然因子作用下农业发展的综合反映，在乡村旅游发展中，农业生产的水平和特色也影响着旅游发展的规模和类型。与中心城市的距离反映出乡村旅游点距离各自中心城市的远近程度，是否作为城市餐饮休闲配套而发展，距离城市近可作为城市的休闲区，而距离城市远就要寻找其他的集聚因素。露天水体在京津冀所在的北方地区属于稀缺资源，研究也证实了水体对休闲集聚的影响（王润等，2010；许贤棠等，2015），其对乡村旅游的影响也十分显著，因此水体条件也是影响乡村旅游业发展的要素之一。

第二个主成分定义为配套设施条件，表征区域设施建设水平，由路网密度（N_7）和水网密度（N_8）两个基础条件构成。路网密度和水网密度有很高的相关性，这与采用水网密度表征自然水系的初衷不相符，推测原因可能是京津冀平原地区过去水网密布，水利设施完善，只是近年来水资源消耗造成部分河道干枯，但这种变化在数据中没有得到更新。因此，该主成分命名为配套设施，表明人工干预的程度。

第三个主成分定义为客源吸引潜力，表征乡村旅游点吸引大规模客源的能力，由与京津的距离（N_{10}）和与景区的距离（N_{11}）两个因子构成。与区域消费中心或吸引物的距离是乡村旅游发展不可忽略的因素。京津城市化水平高，居民平均收入高，人口众多，乡村景观缺乏，是乡村旅游的客源中心。距离景区近则意味着更有机会获得顺访客源，为景区提供配套接待服务设施，从而获得更好的发展潜力。这两个因子影响着乡村旅游点的市场潜力。

（二）京津冀乡村旅游空间集聚类型区划与区域形成机制

1. 基于区位视角的京津冀乡村旅游类型区划

采用适应大样本量的 K- 均值聚类方法，利用降维之后生成的三个主成分，每个主成分可划分为高值和低值两个维度，则共有八种可能的空间类型。通过 SPSS 统计软件进行聚类分析，将得到的八种类型进行两两单因素方差分析，最终简化为四种类型，这四种类型数据的三个主成分的得分见表 5-2，四种空间类型见图 5-2，空间聚类结果见图 5-3。根据各自特征，可将四类乡村旅游空间命名为近郊游憩型，景区集聚型，农业休闲型，山野、原野度假型。

表 5-2　乡村旅游空间类型区划因子及类型得分

主成分	类型	N	最终得分①	评价
乡村旅游本底条件	农业休闲	361	0.564 444 227 670	高
	近郊游憩	878	1.556 982 396 410	高
	山野、原野度假	405	–3.998 232 699 432	低
	景区集聚	625	0.077 582 934 563	中
配套设施条件	农业休闲	361	–0.651 160 709 58	低
	近郊游憩	878	1.232 474 865 69	高
	山野、原野度假	405	–1.005 370 809 21	低
	景区集聚	625	–0.703 789 988 80	低
客源吸引潜力	农业休闲	361	–1.288 214 935 319	低
	近郊游憩	878	0.447 215 224 242	高
	山野、原野度假	405	–0.422 642 585 491	中
	景区集聚	625	0.389 697 395 370	高

① 无量纲化后的得分。

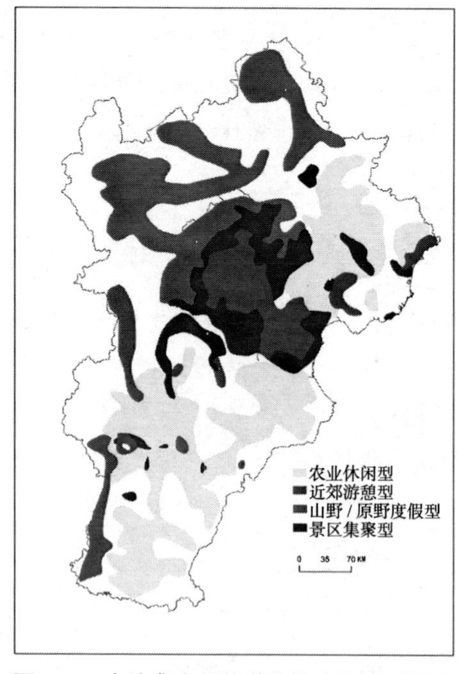

图 5-2　京津冀乡村旅游集聚空间类型划分

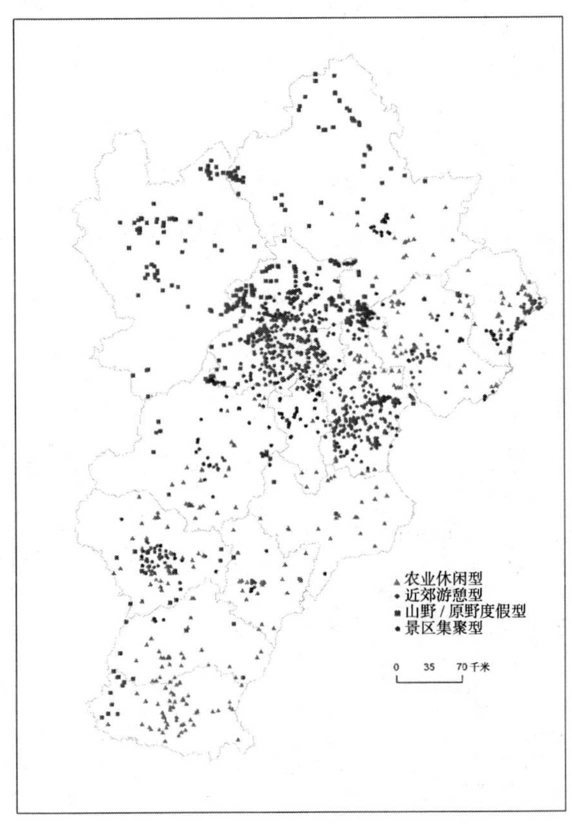

图 5–3　京津冀乡村旅游点空间聚类结果

2. 近郊游憩型乡村旅游空间集聚特征与机制

近郊游憩型乡村旅游空间主要包括北京、天津、唐山、秦皇岛❶、石家庄的近郊地带，保定和衡水的郊区也存在小规模近郊游憩型乡村旅游集聚空间。近郊游憩型乡村旅游空间的区位特征是围绕在城市建成区周边，由城市中心向郊区辐射，辐射的距离与围绕的中心城市规模及经济水平直接相关。根据距离测算，北京辐射圈层达 45 千米，天津为 35 千米，唐山 25 千米，秦皇岛 12 千米，石家庄 11 千米，保定及衡水 5 千米。集聚空间并

❶ 秦皇岛市区的集聚现象与其他城市有所不同，秦皇岛市区吸引游客较多。

非标准的近圆圈层，受到城市形态与休闲资源的影响，北京、天津、唐山、保定的辐射圈层近似圆形，城市中心处于圆心位置；而石家庄的乡村旅游配套空间处于城市西部山前地带；衡水的辐射空间处于城市南部的衡水湖周边；秦皇岛的辐射空间由海滨向内陆延伸。集聚空间打破了行政区划的限制，处于京津之间的廊坊市域大部分面积完全融入京津乡村旅游集聚空间。该类型区乡村旅游点数量众多，密度很大，是京津冀区域内乡村旅游点分布最为密集的地区，利用 ArcGIS 软件计算，京—廊—津集聚区内，1 275 平方千米的范围内聚集了 778 个乡村旅游点，乡村旅游点密度为 6.10 个 /10 平方千米，远高于全域 0.11/10 平方千米的水平。所处区域交通便利，公共设施完善，道路里程达到 27.94 千米 / 平方千米，比京津冀全域道路密度的近 50 倍，区域与城市有着密切的联系。

再来看主成分的得分。三个聚类主成分中，该类乡村旅游空间集聚评价均值得分均较高，是乡村旅游发展的绝佳区位。该类乡村旅游空间集聚要素有以下几项：围绕在中心城市周边，地势平坦，农业发展潜力大，在城市周边近水地区布局，环境优美，小气候湿润宜人，交通基础设施完善。属于近邻城市型的地区有北京南苑地区、昌平、首都机场地区、长辛店地区，天津市辖区及武清区，廊坊市辖区北部与北三县西部，唐山市辖区南部与丰南市（现为丰台区）北部，石家庄市辖区，保定市辖区。属于水系条件较好的地区包括北京温榆河、潮白河、上庄水库等地区，天津七里海湿地、东丽湖、永定河及黄港水库周边，衡水湖北岸面向城市一侧。

根据上述分析可知，近郊游憩型乡村旅游的布局规律和集聚因素包括以下几点。第一，围绕中心城市和休闲需求中心布局，城市规模越大，辐射范围越远。满足居民游憩是城市的重要功能，城市郊区与中心城区相比在景观、资源、环境方面具有显著优势，因此郊区可满足城市居民日常和短期假日的休闲游憩需求。第二，与中心城市的距离是布局的重要影响因素。根据距离衰减理论，距离城市中心越近，来自城市中心的潜在客源市场规模越大，然而地价也越高。在需求和成本双因素影响下，城市郊区特定区位出现了环城游憩集聚区，这个集聚区不断适应日常闲暇、周末和小长假等多种休闲需求，往往吸引了多方主体参与，如村民、集体企业、外来投资等。第三，水体是近郊游憩型乡村旅游发展偏好的区位因素，虽然水体不能开展亲水、戏水活动，但水体在北方属稀缺资源，城郊滨河、环湖的地区也是乡村旅游发展的优势条件。北京密云水库属一级饮用水源地保护区，人员不断外迁，但密云水库周边仍聚集了大量的乡村旅游产品，是北京市民假日休闲的重要场所。

3. 景区集聚型乡村旅游空间集聚特征与机制

景区集聚型乡村旅游空间往往处于近郊游憩型空间的外围地带，京津冀行政区划内景区集聚型乡村旅游空间分布于京—津—廊近郊游憩集聚区的外围地区，唐山、秦皇岛市域集聚区之间，石家庄、保定市辖区集聚区的外围地区等区域。景区集聚型乡村旅游空间与各自的中心城市有一定距离，根据计算，景区集聚型圈层距离北京市中心 50~120 千米，距离天津市中心 25~75 千米，距离廊坊市中心 14~87 千米，距离石家庄市中心 30~65 千米，距离保定市中心 10~60 千米，距离唐山市中心 40~60 千米，距离秦皇岛市中心 45~75 千米，距离邢台市中心 31~55 千米，距离衡水市中心 12~25 千米，辐射的距离与中心城市的人口规模也有一定关系。集聚空间大多呈条带状分布，比较显著的有迁安—迁西—卢龙一线，平谷—蓟县—遵化一线，汉沽—塘沽—大港—静海一线，易县—满城—顺平—望都一线。点密度不及近郊游憩型分布区，但较平均值高，京保环绕地带点密度为 2.41 个 /10 千米 ^{2}，天津滨海环绕地区为 0.20 个 /10 千米 ^{2}。

三个聚类主成分中，乡村旅游本底条件尚可，气候温和，地势一般较为平坦，与服务的中心城市有一定距离，但并不十分遥远，旅游开发条件尚可。虽所处区域交通设施条件较差，但由于具有旅游资源优势，远距离客源吸引能力反而更强。这类乡村旅游点布局的典型因子为：环绕京津中心游憩区之外的地带，以及中心城市周边旅游发展较好的区域。虽基础设施需进一步完善，但由于该类乡村旅游点具备较强的客源吸引能力，同时远离城市喧嚣，土地开发建设条件尚可，一般在空间上集聚形成离开城市一定距离的“休闲旅游基地”。京津冀中心区域呈现“京—津—保”三角形旅游基地集聚空间形态，景区分布较为集中。其他该类型空间主要分布区域均为高等级景区衍生而来的景区集聚地区：衡水湖区域、避暑山庄区域、滦县—迁安（山叶口、青龙山、滦州古城）一线、正定—鹿泉（双凤山、抱犊寨、隆兴寺）一线、平山西柏坡区域、临城县崆山白云洞区域。

由前文分析可知，景区集聚型乡村旅游的布局规律和集聚因素如下。第一，依托于与中心城市有一定距离的景区布局，景区距离城市并不十分遥远，可提供日常和短期假日游憩机会。景区是游客吸引物，对人口中心的吸引能力在相同距离圈层前提下发生向城外的偏移，使区域打破了距离衰减规律从而获得更大的游客到访机会。在这个过程中，乡村旅游发展的客源条件与近郊游憩型类似，具有较好的客源保障，能够吸引顺访客源。第二，乡村旅游可兼具旅游配套服务功能。景区受到资源环境约束，可开发建设的空间不足，如自然保护区、风景名胜区等类型景区对开发建设和旅游设施有严格限制。乡村旅游可提供农家特色餐饮、农家院和民宿等多元化住宿，设施、垂钓、采摘、农产品购买等多元化活动，在旅游系统中，与景区形成良好的互动和补充。第三，景区依托型乡村旅游空间，远离城市中心，地价较低，能够提供更充足的休闲用地和活动空间，因此独具特色，与近郊游憩型相比，虽距离城市较远，但仍具市场竞争力。

4. 农业休闲型乡村旅游空间分布特征与机制

农业休闲型乡村旅游空间涉及京津冀区域东南部的平原地区，主要分布空间是保定、石家庄、沧州、衡水、邢台、邯郸的平原地区，天津宝坻区、唐山平原区城市景区之外的地带，以及秦皇岛浅山地区。这类集聚地区在京津冀范围内包含的面积最大，呈现面状分布，约占区域总面积的30%。乡村旅游点的分布比较均匀，由于地理要素分布均匀，地形起伏不大，没有山地和大江大河的地形阻隔，没有显著的集聚区域。

该类乡村旅游空间的三个聚类主成分的特征为：乡村旅游本底条件好，主要表现为地势平坦、气候温和，适宜农业生产。由于处于农业地区，基础设施配套薄弱，乡村旅游资源均缺乏特色，因此客源吸引能力较差。该类乡村旅游点不具备发展旅游业的区位优势，它们的出现多基于农业生产实践和现代农业发展需要，是传统农业向都市农业转型的过渡形态。地方农业特色反映较为明显，如依托于林果花景观（如桃花、杏花）、特色养殖（如水产、皮毛类）、果品采摘（如草莓、杏、樱桃、有机蔬菜等）而发展。

综上所述，农业休闲型乡村旅游的布局规律和集聚因素如下。第一，依托特色农业资源。随着城市化的推进，乡村价值逐渐凸显。虽然距离中心城市较远，缺乏景区依靠，不属于传统的乡村旅游发展优势区，但农业生产活动、农业产品、乡村景观和生活方式本身依然对城市居民形成吸引力。第二，能够彰显乡村旅游的内生特性。乡村旅游与其他旅游方式有所区别，其他旅游类型更多基于资源和市场需求而发展，乡村旅游同时受到乡村发展阶段的内生要素推动。三农问题是我国现阶段面临的全局问题，目前农村人口流失和老龄化、农村产业模式探寻、空心村整治问题十分严峻。乡村旅游成为问题地区用来解决上述困境的工具，各级政府普遍考虑通过乡村旅游振兴传统农业地区。依托乡村旅游，传统种植业可与服务业相结合，并且能够反作用于种植业而提升农产品的附加值。依托乡村旅游，可吸纳农村剩余劳动力，体现旅游扶贫效应。依托乡村旅游，可改善农村面貌，提升乡村的设施水平，从而实现乡村现代化。

5. 山野、原野度假型乡村旅游空间集聚特征与机制

山野、原野度假型乡村旅游空间主要分布于京津冀区域西北燕山山脉一线、西部太行山脉一线，在行政区划内，包含北京昌平、门头沟、房山、延庆、怀柔、密云、平谷深山地带，以及河北承德、张家口近全域，石家庄井陉—邯郸涉县太行山沿线。由于处于山区，受到地形约束，乡村旅游点总体呈现带状集聚形态，一般沿山谷道路两侧绵延。在保定、沧州、石家庄、唐山、衡水市界附近有少量原野型旅游空间分布。

三个聚类主成分特征为：乡村旅游本底条件不好，或海拔较高，地形起伏，配套设施条件差。距离中心城市很远，农业生产力较低。单纯看基础条件，这些地区并不适合发展乡村旅游产业。因此，这些地区的发展受到其他因素的影响。影响该类乡村旅游点布局的核心因素为交通和景区布局，如京藏高速、京新高速、草原天路、荣乌高速、二秦高速、京承高速、平涉省道、京平高速，串联起 60 余个 4A 级以上景区，占京津冀除城市外所有 4A 级以上景区的三分之一。

因此可知，山野、原野度假型乡村旅游的布局规律和集聚因素如下：第一，多数情况下受到地形约束，呈带状分布，交通干线成为布局的线状中心，这与如今自驾游热潮分不开，依托干线公路的旅游线路成为一些地区旅游发展的主要形态，如著名的草原天路，是以自驾游为主导的景区，依托一条省级公路，以两侧的林场乡村风光为吸引物，沿线聚集了大量乡村旅游点。第二，部分乡村旅游点依托景区布局，与景区集聚型相比，景区与乡村旅游互动的机制类似，但该类景区远离人口需求中心，游客需要

在交通上花费较多的时间成本，因此，提供的是中长假期的游憩机会，面向度假群体。第三，远离需求中心，提供“纯原始”“纯自然”的山野或农业休闲活动空间，或观光，或避暑，或避世，或开展特殊活动（滑雪、越野、山地运动等），景观类型与城市和近郊有显著区别。这种自然原始的风情与生活方式是该类乡村旅游空间的核心竞争力。

三、基于文本分析的乡村旅游类型信息

若对乡村旅游点的名称进行统计，可以获得目前乡村旅游点的具体内容。将乡村旅游点名称经分词（Advanced Chinese Analyzer）- 频率统计（SPSS）处理，可以判断京津冀乡村旅游点的产品特征。分词结果主要包含六类，按照频率依次为店名、地名、产品、活动、描述、作物。店名和地名占所有词语的 70%，属于无效信息，故主要对产品、活动、描述和作物进行分析。

（一）京津冀乡村旅游产品的总体特征

京津冀乡村旅游产品活动类型既包括采摘、垂钓、烧烤等具体活动项目，也包括如观光、休闲、度假、避暑等广义的活动类型，表明乡村旅游产品具有休闲度假属性。描述性词语主要有“生态”（与“园”“庄园”“农场”连接）和“农业”（与“合作社”“基地”“示范园”连接），这两个词语均反映了乡村地域与城市的显著差异，也是乡村旅游着力凸显的独特要素。“科技”“景观”“有机”“循环”等词语表现出现代农业产业的新趋势，“水”“旅游”“田园”等词语表明了乡村旅游产品所处的环境。描述产品的词语是重点，占有效信息的 40%，产品类型与农业、农村有很强的关联，“小镇”和“村”是乡村旅游产品落地发展的行政单元，“农场”“庄园”“基地”“合作社”“示范园”“园区”“果园”是利用种植业空间开展乡村旅游的主要阵地，“农家”“农家乐”“院”是进行餐饮住宿接待的主要形式。从表示产品类

型的词汇来看，京津冀乡村旅游产品的发展程度比较低，多数产品属于传统乡村旅游产品。从涉及作物来看，草莓、葡萄最多，樱桃、梨、桃、枣、蔬菜等也有一定数量。

（二）四类空间乡村旅游产品特征

近郊游憩型乡村旅游空间反映出的产品特征为活动丰富、应用农业科技、趋于良好环境。近郊游憩型空间涉及的活动词频比例最高，占该类型总词汇的 9.8%，远远高于其他类型；出现了“有机”“科技”等词汇，表明面向都市、现代化、科技化的农业发展特征。表明产品类型的词汇量在四种空间中最少，仅有 7.6%，这个数字不及山野、原野度假空间的三分之一。景区集聚型空间的主要特征为依托农业发展，产品丰富、有创新，该类空间描述产品的词汇比例最高。农业休闲型乡村旅游空间表现为依托传统农业和农村，对农业的描述性词汇类型最多，涉及的产品类型比例较高。山野、原野度假空间旅游产品的休闲度假避暑属性最明显，涉及的活动类型最丰富，产品类型的词汇比例最高，但表现出较初级的产品类型，如“农家”“院”“村”等。四类空间乡村旅游产品词频分析见表 5-3。

综合来看，近郊游憩型空间的典型特征为“活动丰富”，景区集聚型空间为“农业创新”，农业休闲型空间为“农业转型”，而山野、原野度假型空间的最典型特征为“休闲度假”。四类空间旅游产品特征均与区位条件特征相匹配。近郊游憩型空间距离城市近，承载了城市居民的郊野活动需求。景区集聚型空间距离城市较远，有更广的空间和更好的农业基础面向都市进行休闲农业创新。农业休闲型空间主要位于传统农业区，虽然旅游发展条件一般，但内部具有较强的农业转型需求，因地制宜地进行乡村旅游发展。山野、原野度假型空间具有良好的客源条件，但农业种植条件一般，产品则表现出景区的配套服务属性。

表 5–3　四类空间乡村旅游产品词频分析

类型	动词	描述	产品	作物	词频比例
近郊游憩型	采摘(5.9%) 垂钓(2.6%) 观光(0.6%) 休闲(0.5%) 烧烤(0.2%)	生态(3.1%) 农业(1.4%) 有机(0.5%) 科技(0.3%) 水（0.4%）	村（1.6%）/ 农家（1.4%）/ 农场（1.3%）/ 庄园（1.0%）/ 农庄（0.8%）/ 合作社（0.5%）/ 基地（0.4%）/ 果园（0.3%）/ 示范园（0.3%）	草莓（2.3%） 樱桃（1.6%） 葡萄（0.5%） 蔬菜（0.3%）	9.8/5.7/7.6/4.7
景区集聚型	采摘(4.5%) 垂钓(1.3%) 观光(1.1%) 休闲(0.8%)	生态(5.3%) 农业(2.2%) 景观(0.4%) 科技(0.3%) 循环(0.2%)	庄园（1.9%）/ 农家（1.8%）/ 农场（1.7%）/ 村（1.6%）农家乐（1.3%）/ 农庄（0.8%）/ 基地（0.7%）/ 山庄（0.5%）/ 小镇（0.3%）/ 合作社（0.2%）/ 示范园（0.2%）/ 园区（0.2%）	草莓（1.7%） 樱桃（0.5%） 葡萄（0.4%） 枣（0.3%） 蔬菜（0.2%） 桃（0.2%）	7.5/8.4/11.2/3.3
农业休闲型	垂钓(2.2%) 采摘(1.9%) 观光(0.6%) 休闲(0.5%) 烧烤(0.2%)	生态(1.9%) 农业(1.0%) 水（0.6%） 有机(0.3%) 旅游(0.3%) 景观(0.2%) 田园(0.2%)	农家（6.1%）/ 院（5.3%）/ 村（2.1%）/ 庄园（1.4%）/ 小镇（1.0%）/ 农家乐（0.9%）/ 农庄（0.6%）/ 山庄（0.6%）/ 农场（0.6%）/ 合作社（0.3%）/ 基地（0.3%）/ 示范园（0.3%）/ 度假村（0.3%）/ 园区（0.2%）	葡萄（0.8%） 草莓（0.7%） 梨（0.6%） 樱桃（0.3%） 桃（0.2%）	5.4/4.5/19.9/2.6
山野、原野度假型	采摘(1.2%) 观光(0.4%) 度假(0.4%) 休闲(0.3%) 垂钓(0.2%) 避暑(0.2%)	生态(2.6%) 农业(0.6%) 旅游(0.2%)	农家（8.3%）/ 院（6.2%）/ 村（2.9%）/ 庄园（2.8%）/ 农家乐（1.7%）/ 农庄（1.1%）/ 山庄（0.7%）/ 基地（0.4%）/ 农场（0.4%）/ 酒店（0.2%）	葡萄（0.3%） 草莓（0.3%）	2.7/3.4/24.7/0.6

第六章　反思与重构：乡村发展中的权利主张

一、谁是产业发展的主角——以乡村社区旅游土地研究为例

1985 年墨菲（Murphy）在其著作《旅游：社区方法》一书中提出“社区参与”的概念，尔后社区旅游参与研究开始进入众多学者的视野。旅游发展的最终目标是提高居民的生活质量（Nyaupane & Poudel，2012）。在旅游发展中，社区居民利益最大化有利于促进居民参与，改善主客关系，提高居民主人翁精神，保护自然和文化遗产（Tolkach & King，2015），更重要的是重振乡村经济，减少人口外流（Iorio & Corsale，2010）。社区居民的参与是社会资本的体现，较高的社会资本是有利于乡村旅游发展的（Park et al.，2012）。社区参与如今成为旅游规划中必不可少的因素（Niekerk，2014），也成为当前中国旅游地理学和旅游社会学研究的热点和前沿（杨效忠 等，2008）。在社区参与研究中，乡村旅游社区是学者们最为关注的方面。学者们多利用结构方程模型，构建社区居民的感知框架，以探寻居民态度、居民自身特征与旅游参与的模式、社区旅游发展水平等因素之间的关系（杨效忠 等，2008；许振晓 等，2009；韩国圣 等，2012；汪德根 等，2011；李宜聪 等，2014；王华等，2015；胥兴安 等，2015），

以及少数民族的社区参与特征（Wang et al.，2010），并获得很多有理论构建和实践参考价值的结论。进一步思考，得知不同社区居民对旅游发展的态度有所差异，这是由于有人在旅游发展中获得利益，而有人却受到了损害，学者通过案例证实了社区居民的收入水平、年龄以及对旅游休闲设施的使用可能性会造成收益与损害的差异（Lindberg et al.，2001）。欣赏式探寻可以用来协调乡村旅游社区中的各方利益（Nyaupane & Poudel，2012）。有些居民的社区参与是主动的，有些是受到政府引导而参与的，有些居民面对公共决策不得不参与，因此，他们表现出的态度也有根本不同（Tosun，2016）。

在我国，旅游发展成为农村社区居民改善生活条件的重要手段，社区居民参与旅游发展的资源是土地。在现有土地管理制度下，去思索乡村社区居民的旅游参与问题，首先应该考虑的是土地权属和产权模式。我国的农村土地所有权属于社区集体，农民拥有承包经营权，而这种承包经营权是面向特定人群，即社区居民的，这就导致乡村旅游发展中出现二次承包转让开发使用权的问题，使得参与乡村旅游的利益相关方变得十分多元：不仅有以村集体为代表的政府、村民本身，还涉及以乡贤为代表的社区精英、参与旅游投资的企业与个人等。针对该问题和现象，学者探讨了农民依托于农地承包经营权参与乡村旅游开发的模式（杨阿莉 等，2012），并揭示出参与诉求、程度、各方利益对比等规律（保继刚，孙九霞，2006），景观变化规律（刘同 等，2010；姜宛贝 等，2012）等。目前，实现乡村旅游经营和土地利用权力转让是通过土地流转实现的。在乡村旅游土地流转利用中，一方面，土地利用具有综合性，乡村旅游土地流转一般数量多，规模大，乡村旅游经营需要较长时间才能取得较好的经济效益，土地流转的时间较长（黄继元，2014），短期小规模土地流转难以保障乡村旅游开发的连续性和有效性；但另一方面，土地流转中开发建设方往往违背村民意愿，漠视村民利益，忽略综合环境效益（翁士洪，2012；吴冠岑 等，2013a；吴冠岑 等，2013b），也对可持续发展带来危害，多方利益牵扯，利益协调困难。因此，从土地流转利用模式出发去探寻社区居民参与态度问题就显得十分必要。

（一）我国乡村旅游发展中农地流转的政策与推进模式

1. 政策法律框架

日本农村土地私有基础以及《农地法》保障农地所有、利用、转让过程（王国恩 等，2016）。美国联邦政府、州政府和私人均可拥有农地，并划定农业保护区（类似我国基本农田保护区）保障农业利用，通过建立购买开发权和保护地役权（简称 PDRS）制度、可交易开发权（简称 TDRS）制度保障必要时的农地流转利用（龙花楼，李秀彬，2006；林目轩，2011）。我国农地流转利用是在一系列法律政策框架之下实施的，见表 6-1。

表 6-1　目前我国乡村旅游用地政策法律框架

阶段	年份	文件	影响评价
农村土地承包制度建立完善	1978	《小岗村农户签署包产到户协议》	包产到户开创先河
	1982	农村工作“一号文件”	明确包产到户是社会主义集体经济的生产责任制
	2003	《中华人民共和国农村土地承包法》	以法律的形式保障了农户对农村土地的经营权，并允许土地承包经营权以转包、出租、互换、转让或者其他方式流转
	2003	《中华人民共和国农村土地承包经营权证管理办法》	农民的土地经营承包权通过颁布权证的方式落实，标志着农村土地确权工作的开始
	2005	《农村土地承包经营权流转管理办法》	针对流转当事人、流转方式、流转合同、流转管理责任作出了具体规定
	2005	《关于审理涉及农村土地承包纠纷案件使用法律问题的解释》	土地承包法的落实得到了详细的司法保障

续表

阶段	年份	文件	影响评价
农村土地全面确权流转	2008	《中共中央关于推进农村改革发展若干重大问题的决定》	针对农村改革的历史方位提出“三个进入”和“三个作为”，强调了农村土地承包经营权的财产权和物权属性，提出了集约化、多元化、多层次、多形式的农村土地规模经营方向
	2009	《关于促进农业稳定发展农民持续增收推动城乡统筹发展的若干意见》	明晰农村土地产权的具体做法
	2010	《中华人民共和国农村土地承包经营纠纷调解仲裁法》	对农村土地流转经营中出现纠纷的若干情形规定了调节仲裁的具体程序，令土地承包经营权流转出现的纠纷处理有章可循
	2011	《关于为推进农村改革发展提供司法保障和法律服务的若干意见》	重申了宅基地的用益物权，并对集体土地征地以及集体经营的案件提出指导性原则
	2012	各地的农村土地承包经营权的流转合同范本纷纷出台	大规模农村土地承包经营权的流转进入更规范的实施阶段
乡村旅游用地特殊政策	2015	《关于支持旅游业发展用地政策的意见》	提出乡村旅游可以使用集体建设用地，农地可通过自用、入股、联营等合法方式使用开发旅游，自有住宅可以开发旅游，建设旅游设施可开展城乡建设用地增减挂钩试点等政策。各地均出台配套政策，如浙江省的点状供地打包政策
产业发展用地保障	2017	《关于深入推进农业供给侧结构性改革做好农村产业融合发展用地保障工作的通知》	休闲农业、乡村旅游建设用地专项指标；探索农村集体经济组织以出租、合作等方式盘活利用空闲农房及宅基地；强化部门协调合作

2. 乡村旅游土地特征与典型产权模式

为乡村旅游活动提供载体的土地便是乡村旅游土地。乡村旅游土地有以下三个特征。第一，叠加性。由于集体土地要求不能改变其土地用途，因此乡村旅游功能均叠加在原有土地功能基础上，通过发现其原有用途中可以转化为旅游活动的部分，在原有用途基础上开发其价值，用于乡村旅游发展，例如采摘活动就是发生在耕地用途之上。第二，多效益性。通过乡村旅游的开发与建设，能为当地政府和村民带来经济利益。在开发乡村旅游的同时，当地基础设施也会随之提高，例如当地道路、水电、通信等会随着客流量的增加而改善；也会对当地历史文化资源起到保护和传承作用，因为吸引游客参加乡村旅游的很可能是当地的历史文化资源或是当地的特色民俗传统文化。第三，可持续性。乡村旅游建设是以集体土地为基础的，而我国法律规定，土地流转后不能改变其用途，且要进行可修复性的土地利用，因此当旅游用途结束后还要保证土地能够继续进行农业建设用途。在乡村旅游发展中，多见以下三种农地产权模式。

一是土地入股模式。土地入股模式是指村民将其承包的耕地、园地和农舍使用权在自愿的前提下合理作价，以股权形式入股乡村旅游公司，由旅游公司提供资金进行旅游开发与经营活动，开发建设方案由乡村旅游公司决定，村民代表在公司中拥有一定话语权，村民以股权分红为主要收入来源。

二是整体租赁模式。整体租赁模式指村委会及村民与旅游公司签订租赁合同，将村集体土地、村民个人承包经营的土地、农舍按一定期限（适用《合同法》不能超过20年）出租给旅游公司从事旅游活动。旅游公司通过合同获得土地使用开发权并给予村民一定租金，村民在旅游公司决策中一般影响力不大，要通过村集体沟通双方意见。

三是村民自营模式。村民自营模式可分为两种。一种是农户以家庭为单位开展旅游经营活动，这种模式下的乡村旅游一般为民俗户或是农家乐形式。另一种是以一定空间地域为单位，由各户村民合作创立乡村旅游合作社,规模经营,这种模式一般以民俗村或合作社的形式出现。这种模式下，村民能够掌握较多的话语权，充分自主。

三种产权模式均为我国乡村旅游个性化、规模化发展趋势中的常见模式，代表了乡村土地流转在旅游发展中的主要情形，各自具有较为显著的优缺点。土地入股模式充分尊重了村民的财产权和经营权，保障了乡村旅游发展的持续性和稳定性，能够最大限度吸纳村民的开发意见。股份制的乡村旅游公司有较强的协调和营销能力，然而分红的比例和频率村民难以控制。整体租赁模式的旅游公司相比村民自身有更好的旅游经营能力，能够以合同的形式保障村民的既有利益，但合同期限不能超过 20 年，旅游发展的持续性不能保障，村民的话语权也难以得到尊重。在经营方与产权方的博弈中，出现了很多的实践问题，如涉及拆迁的补偿问题、村民获益过少的问题、投资商利益不能持续的问题。村民自营模式中虽然经济收益完全由农户掌握，但农户力量弱小，难以进行市场开拓和产品创新，发展的规模有限。如果让渡一部分自身权利（如规范服务价格、标准）加入合作社，规模可以获得提升。近年来，处于城市周边的乡村地区呈现出巨大的旅游开发价值，吸引了不少外来投资者。在这个过程中，乡村旅游土地涉及土地流转问题，各地也因地制宜地开展了相应的实践。各种模式的形成体现了村民、组委会、投资者多方利益的博弈，博弈中村民属于弱势群体。不同模式下，村民的社会和经济地位有显著不同，因此感知也会有所差异，本书将进一步探寻在特定土地利用模式下，村民感知的差异和主要诉求。

（二）研究方法与案例情况

1. 研究方法

以乡村旅游用地的不同权属模式为前提，来考察不同模式下村民的感知是否有所不同。研究采用方差分析的方法，对不同模式下的村民对特定问题的态度进行对比研究。问卷问题主要围绕村民对于当地旅游发展的感知提出，分为村民对当地的归属感（15 个问题）、对于旅游开发的感受（20 个问题）和对于本村未来旅游开发的预期（7 个问题）三个主要部分和被调查者基本信息共四个部分，问卷前三部分设计为五分制量表形式。问卷处理的基本思路为，先进行降维处理（因子分析），如果能够成功降维，并且每一个因子都具有实际意义，则比较每个因子的感知差异；如果不能，则分别比较每个问题。由于可供调研的样本总量不大（总样本 106，获得了 76 份有效问卷），在问卷设计时已考虑主题，因此，为了保障因子分析的准确性，将问卷每个部分分别进行降维处理。调查范围为当地每一户经营乡村旅游的家庭，或被外来旅游投资企业租赁房屋的家庭。

2. 调研情况与案例地介绍

研究团队在 2015 年 3 月至 2016 年 4 月间先后调研了延庆岔道村、怀柔慕田峪村、顺义北郎中村和门头沟爨底下四个村落，见表 6-2。除岔道村村民全部迁出，没有发放问卷，仅进行深度访谈外，在慕田峪、北郎中和爨底下三个村落针对相关居民发放问卷 81 份。每个村代表一种土地利用的典型模式，但有些村子，例如慕田峪村，除了企业租赁还有少量村民自营，因此调研时仅针对被企业租赁房屋的村民进行问卷发放。最终获得有效问卷 76 份，经数据初步处理，本次调查使用的三个部分的问卷信度在 0.697~0.89 之间，表明整个问卷三个部分的信度较高；三个变量之间的相关系数在 0.650~0.732 之间，表明三个部分问题之间呈中度相关，可以认为问卷的效度较好。

表 6–2　四个案例地土地权属模式与访谈与问卷情况

村落	经营户数	权属模式	调研情况	旅游发展情况
岔道	1	股份公司整租：传奇公司将村子整体租赁，每间房每年 7600 元，签约 42 年（一般家庭三间房），承诺雇用村民没有兑现，由于村民上访阻拦，进一步开发计划暂时搁置	村民 4、村主任 1、村委会访谈	属延庆区，紧邻八达岭，历史悠久，20 世纪 80 年代全村有 70% 的村民从事旅游业，2006 年被评为“北京市最美乡村”。如今村民已整体迁出，根据与村委会的访谈，部分村民集中安置，部分村民到康庄自购商品房

续表

村落	经营户数	权属模式	调研情况	旅游发展情况
慕田峪	29	个人企业整租：美国人撒扬租赁了村集体土地，以及十多户村民的房屋、土地，建成“洋家乐”，此后外来租赁开洋家乐的人越来越多。村民以板栗种植为主，年轻人在“洋家乐”内打工	21	属怀柔区，自1988年开放慕田峪景区后，常年有大量的中外游客参观游览，于是自此便有村民经营农家乐参与乡村旅游。2006年开始有外国人前来租房经营
北郎中	24	村民自营：由于旅游、休闲人流众多，村民在自己的土地上开办农家乐，并逐步做大	21	属顺义区，在北六环附近，距离蟒山、首都机场交通便捷，农业发达。2000年年初一些村民便开始经营农家乐，最近几年由于乡村旅游发展迅速，当地观光农业也迅速发展
爨底下	52	土地入股：以土地、房屋及旅游资源入股“斋堂旅游”股份有限公司，村集体占比55%，为控股方，收益双方商定按年分红	34	属门头沟区，20世纪90年代初便开始经营乡村旅游，因其拥有丰富的自然人文景观，一直都有许多游客前往，2003年电影《手机》在此取景后受到关注，大量游客前来游览

二、不同旅游土地权属模式下的村民感知

（一）乡村地方感知的对比

乡村的地方感知体现了村民对生活场所的依恋和热爱，这份情感包括自己作为村子一分子的归属感，能够生活在村子的自豪感，保护和建设村落为己任的责任感和适应村落生活的幸福感。从四个角度出发，问卷共设置15个相关问题。为了找到更好的角度进行分析，尝试运用因子分析法（Kaiser-Meyer-Olkin度量=0.828，Bartlett球形度检验sig.=0.000，适合进行因子分析），将四个层面降维为三个因子（能够解释60%的变量，并剔除了两个问题）：责任感、幸福感、自豪感，见表6-3。

表 6–3　乡村地方感知旋转成分矩阵

地方感知	因子 1 责任感	因子 2 幸福感	因子 3 自豪感	舍弃因子 不采纳
我对这里的喜欢程度超过任何其他地方	0.102	0.238	0.640	0.534
我感觉这里是我生命的一部分	0.220	0.135	0.828	0.096
我会自豪地告诉别人我生活在这里	0.292	0.115	0.752	0.189
在这里生活我感到很幸福	0.311	0.566	0.318	0.150
这里就是我想要的居住地	0.097	0.676	0.367	−0.174
这里人与人之间关系很和谐	−0.134	0.762	0.106	0.124
在这里生活我感到很快乐	0.161	0.793	−0.075	0.116
我愿意参与本村乡村旅游建设	0.763	0.126	0.234	0.209
我愿意推荐他人到本村旅游	0.638	0.224	0.031	0.350
我认为旅游开发是本村发展的有效途径	0.854	−0.007	0.244	0.099
我支持进一步发展本村乡村旅游建设	0.816	−0.009	0.203	−0.060

责任感、归属感和自豪感的得分比例都在 70% 以上，可以看出所有村子的村民的地方感知程度均较高，对家乡具有深厚的感情。三个因子中，责任感具有显著性差异，爨底下村的村民不仅以自家土地入股旅游经营公司，是旅游公司的一分子，并且家家户户都在从事乡村旅游接待工作，责任感得分较高。北郎中村的村民自营旅游业，对村落发展的责任感得分也比较高。慕田峪村的村民除了获得房屋租赁收入之外，主要经济收入来自板栗等农业种养殖领域，与旅游发展的互动性不强，得分最低。

（二）旅游影响感知的对比

问卷共设计 20 个相关问题。旅游影响有正面影响和负面影响，自身经济收入水平提高、村落环境提升是旅游发展的正面影响，贫富差距增大和交通拥堵等环境问题为负面影响，运用因子分析法（Kaiser-Meyer-Olkin 度量 =0.664，Bartlett 球形度检验 sig.=0.000，适合进行因子分析），将 20

个问题降维为四个因子（能够解释 61% 的变量，剔除了九个问题）：对本人利益的感知、对村落发展的感知、对贫富差距的感知和对环境影响的感知，见表 6-4。

表 6–4 旅游影响感知旋转成分矩阵

旅游影响感知	因子 1 对本人利益的感知	因子 2 对村落发展的感知	因子 3 对贫富差距的感知	因子 4 对环境影响的感知	舍弃因子不采纳	舍弃因子不采纳
本村的旅游开发建设为我带来了经济收益	0.714	0.170	–0.053	–0.073	0.152	–0.188
我对通过参与本村旅游经营所获的收益感到满意	0.767	0.156	0.081	0.038	–0.102	0.362
本村旅游开发提高了我的生活水平	0.769	0.285	–0.147	0.159	0.018	–0.084
我对本村的乡村旅游发展感到满意	0.691	0.347	0.008	–0.074	0.143	0.125
旅游开发提升了本村的形象和知名度	0.201	0.701	0.057	–0.050	0.041	0.083
旅游开发为本村居民带来了大量就业机会	0.280	0.718	0.138	–0.176	–0.142	–0.004
旅游开发提高了本村的基础设施建设	0.020	0.741	0.010	–0.235	0.093	0.267
开展的乡村旅游活动带动了整个村镇的发展	0.163	0.534	–0.189	–0.295	0.544	0.126
本村旅游开发只有少数人获益	0.271	0.109	0.845	–0.205	0.048	0.047
乡村旅游导致本村贫富差距拉大	–0.229	–0.015	0.856	0.094	0.057	0.043
本村开发乡村旅游后交通状况日益拥挤	–0.025	–0.144	–0.180	0.816	–0.082	0.038

四个因子中有两个是正面感知，两个是负面感知。本人利益的感知三个村子得分中等偏下，村落的发展得分差异比较大，总体来说处于中上等的水平。贫富差距和环境影响两个负面感知因素得分很低，说明村民对旅

游业发展的负面影响感受不明显。四个因素中本人利益和村落发展两个因子在方差分析中是显著的。对个人利益的影响，爨底下、北郎中、慕田峪依次下降，即使是得分最高的爨底下，也仅有78.8%。爨底下村民对遥遥无期的分红多有不满，村民们在质疑每年上亿的门票收入去向。北郎中由于是自营，村民掌握了自己的财政大权，然而，由于村子整体旅游没有做大，村民的收益也是十分有限的。对村落发展的感知分析结果可以看出，慕田峪和爨底下得分都很高，说明这两种模式对村落的整体提升都有显著的作用，而北郎中得分较低。

（三）对未来发展感知的对比

问卷共设计7个相关问题，包括对自己经济、生活的期许以及对村落整体发展的期许，运用因子分析法（Kaiser-Meyer-Olkin度量=0.841，Bartlett球形度检验sig.=0.000，适合进行因子分析），将7个问题降维为一个因子（能够解释59%的变量），即对未来发展的感知。这个因子的方差分析结果是显著的，爨底下村民对未来发展更有信心，得分在86.6%，大幅高于北郎中和慕田峪；北郎中又比慕田峪略高。虽然慕田峪的旅游资源要好于北郎中，但由于北郎中的村民对旅游发展的掌控程度较高，表现出对未来更有信心（见表6-5、表6-6）。

表6–5　未来发展感知成分矩阵

未来发展感知	因子1对未来发展感知
我认为本村会因为旅游业的发展而变得更好	0.780
我的经济状况在将来会随着本村旅游业的发展而得到持续改善	0.845
我认为我的生活水平在将来会得到提高	0.803
在未来本村的生态环境会随着旅游业的发展而变得更好	0.656
在未来本村基础设施会随着旅游业的发展而进一步完善	0.569
本村村民生活在未来会随着旅游业的发展变得越来越好	0.861
我看好本村未来旅游业的发展	0.830

表 6-6　所提取因子的单因素方差分析检验分析

因子	村落	N	均值	标准差	评价
责任感 *** sig.=0.000	慕田峪	21	−1.868 922 787 435 51	2.132 053 366 643 624	中
	爨底下	34	1.874 604 657 117 20	1.427 882 016 783 845	上
	北郎中	21	−1.166 151 419 325 65	2.378 268 954 352 494	中
幸福感 sig.=0.184	慕田峪	21	−0.261 358 473 138 87	1.515 309 646 199 520	中
	爨底下	34	0.426 564 402 858 27	2.249 547 717 461 866	上
	北郎中	21	−0.429 269 607 679 29	2.206 818 312 159 545	中
自豪感 sig.=0.316	慕田峪	21	−0.291 882 432 627 57	1.456 284 152 662 014	中
	爨底下	34	0.381 315 134 904 60	2.135 802 772 057 565	上
	北郎中	21	−0.325 484 928 646 53	1.766 451 834 122 622	中
本人利益 *** sig.=0.000	慕田峪	21	−2.140 149 110 961 92	1.801 094 049 926 655	下
	爨底下	34	1.546 789 790 820 92	1.528 965 089 650 823	中
	北郎中	21	−0.364 177 217 033 85	2.311 997 901 095 312	下
村落发展 *** sig.=0.000	慕田峪	21	0.395 574 578 913 37	1.293 905 834 785 321	上
	爨底下	34	1.036 978 270 041 94	1.336 217 126 634 850	中
	北郎中	21	−2.074 491 778 028 88	2.316 450 282 172 657	下
贫富差距 sig.=0.604	慕田峪	21	0.261 899 420 868 75	1.072 629 817 722 440	上
	爨底下	34	−0.161 364 616 185 85	1.900 080 605 486 646	下
	北郎中	21	−0.000 642 423 234 51	1.180 632 985 178 903	中
环境影响 sig.=0.266	慕田峪	21	−0.207 397 876 577 41	0.371 509 181 740 631	下
	爨底下	34	0.001 911 920 723 50	0.763 720 795 432 602	中
	北郎中	21	0.204 302 385 882 22	1.143 481 134 200 269	上
未来感知 *** sig.=0.000	慕田峪	21	−2.927 089 897 963 90	2.343 078 636 906 503	中
	爨底下	34	2.578 155 247 412 41	3.281 625 668 818 642	上
	北郎中	21	−1.247 066 216 894 30	4.409 142 961 663 949	中

注：*** 表示 95% 水平下显著。

（四）不同土地利用模式下的村民诉求与利益博弈

股份公司整租模式以岔道村为例进行说明。岔道村虽然村民已经迁出，但村委会一直驻村办公，通过访谈笔者将股份公司、村委会、村民的各方利益进行梳理。2010 年，传奇公司承包了岔道村的改建工程，与大部分村民签订了 42 年（不合法）的租赁合同。村民认为改建工程没有充分尊重村民意愿。一位没有签约的村民介绍，觉得传奇公司的合同条款制定得不合理，一直拒绝与开发商签约，一度受到排挤。签约的村民认为开发商并未如约履行承诺。一位签约的村民反映，由于岔道城内改造工程六年来尚未完工，开发商不能如之前承诺在景区内给所有村民（仅安排青壮年）安排工作，分红、培训等更是空中楼阁，迫于无奈，家里其他人都去城里（延庆）打工，她本人在村外搭了一个摊位卖小商品，她认为开发商利用村民对旅游活动不了解，钻了政策的空子，侵害了村民的利益。村民感觉到村落的风貌遭到破坏。按照合同，开发商可以随意翻建房屋，现在的建筑风格不是原来的样子，房屋也不适宜居住，村民们不得不整体迁出已经存在了八百年的村子。政府一方面希望旅游项目能继续推动，另一方面也希望村民能够过上好的生活，是开发商和村民关系的协调者。岔道村村委会主任介绍，村委会在审查开发商合同中有疏忽，但旅游发展是长期计划，开发商也投入了大量资金。村委会为所有村民上了保险，并建设了安置房。村委会也一直在推动项目建设进程，最后的方案已经定下。由于不少村民反对，并层层上访，建设计划已经搁置，开发商打了退堂鼓，最终是一个多输的局面。

做过问卷的三个村子，通过访谈也发现了一些深层次的问题。慕田峪村的村民在访谈中对旅游发展的反馈是最好的。一方面，村民获得出租土地的不菲租金；另一方面，村民大多从事板栗种植，由于当地板栗知名度较高，通过出售给游客，能获得较好的经济收入。村民虽然出租了一部分房屋和土地，但他们还能够居住在村子里，享受到旅游发展带来的基础设施改善。爨底下村的村民依靠旅游获得的收益是最高的，但不少村民却颇有怨言。他们的主要诉求集中于三个方面：第一，土地入股的分红微薄，门票收入是一笔糊涂账。第二，旅游周期性太强，周末爆满，招工困难，但平日里却没有生意。第三，从事旅游业对年轻人的吸引力不强，村子里的年轻人都已经去门头沟打工，老龄化严重，未来村子的文化传统是否能够传承下去是一个不小的挑战。北郎中村最集中的反映是游客来得太少，招徕游客困难，有时候要采取争抢游客的手段。通过访谈得知，这三个村子的村民诉求与土地利用的模式有很大的关联性，与问卷调查的结果也是相符的。

（五）后续探讨

在我国现有农村土地管理制度下，乡村旅游业基于一系列的土地经营和租赁模式开展，主要的模式有土地入股、土地租赁和村民自营。通过问卷和访谈获取的数据分析，三种模式在村民责任感、村民收益、村落发展、未来预期等方面各有优劣。土地入股模式下的村民责任感最为强烈，慕田峪和北郎中感知稍差。土地入股模式下，爨底下旅游整体发展情况最佳，在村内经营餐饮住宿的村民获益感知最好。整体租赁模式和村民自营模式下，慕田峪村与北郎中村村民对收益的感知低于爨底下村。其中慕田峪村村民能够获得租金和农产品双份收入，反馈是正面的，但北郎中的村民感到经营困难。在村落发展方面，土地入股和整体租赁感知较好，但村民自营对该方面感知不强。对未来的预期方面，土地入股也要优于其他两种模式。结合深度访谈的补充，股份公司整租模式容易造成村民反感，难以保障村民利益，也会破坏村落的整体风貌。土地入股模式下公司收益对村民的分红也是难以保障的。村民自营的问题在于村民个人承担经营的全部风险。

在未来的旅游发展中，土地入股模式下，股份制企业应向村民及时公布收益用途，在公司章程中规定分红比例，打消村民顾虑。股份制企业还应进行整体营销，以调节淡旺季的流量差距。村民自营模式下，村委会与乡镇政府应积极引导，进行风险评估，加大村落基础设施投入。总结慕田峪村和岔道村的成与败，不管在何种土地权属模式下，保障村民生计、维护村民长期合理收益，以及村落中保留一定数量的村民群体对旅游发展至关重要。

三、产业发展中村民所扮演的角色和生存状态

（一）浙江桐乡某某塘村

该村紧邻湖州，为比较传统的农业村，村里有600余户居民，耕地3000余亩，主要种植作物有水稻、杭白菊、各类蔬菜。与周围的大部分村庄类似，由于交通区位优势，青壮年劳动力已经外出安家，村子里日常仅有部分老年人口从事农业生产，大部分村里的劳动力从事第二产业和第三产业工作。根据与村民访谈的结果，这些从事二、三产业的村民，要么打工，要么在城里有一份收入，也有近一成的农户开展自主经营活动，农业给他们带来的收入仅占家庭总收入的6%。

2016年，镇政府主推的农业产业化工作有了进展，有一个本地企业到村里流转了200亩地。一个传统农业村发展面临着很多困境，有人愿意投资，政府十分积极地配合，政府对企业承诺帮助协调流转土地，若发展观光农业则帮助征地。因此，在政府的协调下，企业顺利地拿到了200亩土地的承包权。初期流转土地的费用是1 000元一亩，后来几乎每年都有所上涨。小农经济与农场的耕作模式不同，农场模式先期有较大的设施投入，在建成后政府给予一定补贴。2016年，该企业逐渐投入数百万元完善灌溉系统，种植了樱桃、梨、草莓、枇杷、西瓜等水果，以及粮食和各类蔬菜，利用田间地头空间放养了各类家禽，计划打造果树园与禽粪的有机循环农业经济模式。

但是农庄在发展中面临了一些困境，为了坚持有机种植，在农业生产过程中，除草工作强度大，同时在施肥期使用豆饼也增加了工作量。但出产的农产品市场竞争非常激烈，只能靠低价抢占市场。而由于劳动力素质的原因，无法使用大规模农业机械。为了保持低成本，农场雇用了十余名村里的中老年妇女，每人每月工资为 2000 元，她们年龄大都超过 60 岁，文化水平低，不能外出，只得留在村里。她们所抱怨的是土地是政府强制流转的，而自己为了增加收入只得来这里打工。工作强度很大，有时候体力跟不上。天气不好的时候，露天耕作条件非常恶劣，夏季大棚内异常闷热，工作环境也不好。虽然收入比起以往有了一定的提高，但这种提高并没有给她们带来幸福感和明显的生活改善。

这个案例表明，农业的产业化和农村现代化过程中，亟须提升人口素质，即使在政策资金条件配备比较好的杭嘉湖平原，劳动力素质不高依旧是阻碍农业进一步发展的难题。对于村民来说，他们获得了略高的收入，但自主权和幸福感有所下降，这便是现代化的代价。

（二）河北衡水湖畔某某庄村

该村自古以结绳为艺，系“五彩绳”重要产地。全村 75 户，205 人，没有耕地，村民大多靠外出打工，仅有不足 100 人留在村内生活，留守人员主要为老年人。村庄占地 85 亩，宅基 130 处，已有空宅 50 处，空心村比例达到了 38%。2015 年该村成立农宅旅游专业合作社，采取“企业 + 合作社 + 农户”的运行模式，引导农户以闲置宅基为股本加入农宅合作社。起初工作推进得有声有色，村民积极响应，有 40 多处宅基地加入了旅游发展计划，成立了旅游公司，利用公共空间修建了休闲小广场、景观，开起了咖啡馆、餐馆，举办的文化创意体验活动有声有色。正当更多的村民积极响应之时，一道行政指令给村民的希望浇了冷水。该村坐落于衡水湖自然保护区的核心区，禁止旅游开发，已经修建的景观建筑被列为违建，原有的公共交通禁止停站。村民们在村落开发之初用上了自来水，整个村落的面貌发生巨大改变，村民们非常欣慰，现在虽然旅游业发展不下去，但已经投资修葺的房屋保留下来，村民们打算把房子继续租给城里人做度假养老房，希望有一份额外的收入，自己也没有什么损失。

该案例表明空心村的趋势无法避免，应对的方式有自然消亡、整体搬迁、引入新产业三种。该村交通便利，距离城市很近，环境优美，是发展旅游业的良好区位；但由于环保约束，这条路已经走不通，那么只能引入新的住户，这些人就是城里有度假养老需求的人。村民在这个过程中，生活没有发生改变，而获得了更好的生活环境和更高的经济收入，因此，村民反映较好。但由于合作模式的原因，投资方亏损很大，因此对政策的把握是乡村投资中很重要的问题。

（三）内蒙古鄂尔多斯市某某河村

内蒙古的村落面积广阔，但人口稀少，该村占地面积 20 000 余亩，村民仅 2 000 人。农业空间主要聚集在河谷地区，主要种植的作物为水稻、玉米及蔬菜。有一家农业公司流转了上千亩土地，并以该河为商标种植有机大米，获得市场认可，售价很高。部分村民看到商机，便效仿公司种植大米，但销路不畅，售价比一般大米高，但远不及公司的产品。经济作物有苹果和葡萄，收益不错，但种植空间有限。村里有 2 000 多亩林地，主要树种为杨树和柳树，没有经济价值，但受土地性质所限无法种植果树。河上有一家小水电站，已经被外来投资商承包，村里一直想收回以便对农业区进行整体开发。为了改善村民生活，通过申请政府补贴和村民自筹经费在河边修建了漂亮的新民居，每户一个小院，但基本无人居住。

该村处于河套地区，气候适宜发展农业，土地广阔也有利于规模化发展。河套大米和葡萄等作物价值较高，经济效益初显。村政府积极申报政府各类项目，尽可能改善农村的基本面貌。无论是资源禀赋还是政策，对农业均非常有利。

对于村民来说，去城市享受更好的生活是他们的理想。虽然村里有非常好的农业发展前景，但人口的老龄化使得内生的产业发展难以继续。日常仅有不到 1 000 人在村里生活，以老年人为主。年轻人在村里有房子，但更多人选择去鄂尔多斯市区工作和生活，他们把土地流转给公司，一亩地不足一千元，但由于人均耕地面积较大，每年收益近万元。老年人没有选择将土地进行流转，他们不断尝试种植收益较高的作物，例如跟随农业公司种植有机大米，以及引进的夏黑葡萄。为了帮助农民打开销路，村里在尝试开办电商，寻找农超对接的途径。经济作物的种植给农户户均带来四五万元的收益。

在该案例中，由于地广人稀，经济作物不断引入，村民生活相对富裕安逸，即便如此，城市对农村的极化作用也是十分显著的。愿意直接从事农业的人很少，农业公司则以比较少的成本流转土地，发展前景良好。即便农业产业发展的外部条件很好，农村缺乏人才，市场意识薄弱，村民也难以仅依靠农业获得满意的收入，农业发展依旧面临较大困境。

参考文献

ABSON D J，WEHRDEN H，BAUMGARTNER S，et al.，2014. Ecosystem services as a boundary object for sustainability[J]. Ecological Economics，103：29-37.

AGNOLETTI M. Rural landscape，nature conservation and culture：some notes on research trends and management approaches from a（southern）European perspective[EB/OL].（2019-06-01）[2014-02-12].http：//dx.doi.org/10.1016/j.landurbplan.

AHERN J，CILLIERS S，NIEMELA J，2014. The concept of ecosystem services in adaptive urban planning and design：a framework for supporting innovation[J]. Landscape and Urban Planning，125：254-259.

AKIN S，ALTAN M K，KARA F O，et al.，2015. The potential of rural tourism in Turkey：the case study of Cayonu[J]. Pakistan Journal of Agricultural Sciences，52（3）：853-859.

ARAHI Y，1998. Rural tourism in Japan：the regeneration of rural communities[J]. Extension Bulletin - ASPAC，Food & Fertilizer Technology Center.

BARAL H，KEENAN R J，SHARMA S K，et al.，2014.Economic evaluation of ecosystem goods and services under different landscape management scenarios[J]. Land Use Policy，39：54-64.

BEL F，LACROIX A，LYSER S，et al.，2015. Domestic demand for tourism in rural areas：insights from summer stays in three French regions[J]. Tourism Management，46：562-570.

BLANCAS F J，LOZANOOYOLA M，GONZÁLEZ M，et al.，2011. How to use sustainability indicators for tourism planning：the case of rural tourism in Andalusia（Spain）[J].

Science of the Total Environment，412-413（7377）：28-45.

BOLUND P，HUNHAMMAR S，1999. Ecosystem services in urban areas[J]. Ecological Economics，29，293-301.

BOONE C，REDMAN C L，BLANCO H，et al.，2014. Reconceptualizing urban land use[A]. Strungmann Forum Reports：14.

BOS E，2015. Landscape painting adding a cultural value to the Dutch countryside[J]. Journal of Cultural Heritage，16：88-93.

BUHALIS D，AMARANGGANA A，2013. Information and Communication Technologies in Tourism 2014[M]. Springer International Publishing：553-564.

BUTLER R，HALL C M，JENKINS J，1997. Tourism and recreation in rural areas[M]. John Wiley & Sons Ltd.

CADIEUX K V，YALOR L E，BUNCE M F，2013. Landscape ideology in the greater golden horseshoe greenbelt plan[J]. Journal of Rural Studies，32：307-319.

CARNEIRO M J，LIMA J，SILVA A L，2015. The relevance of landscape in the rural tourism experience：identifying important elements of the rural landscape[J]. Journal of Sustainable Tourism.

CLARKE J，DENMAN R，HICKMAN G，et al.，2001. Rural tourism in Roznava Okres：a Slovak case study[J]. Tourism Management，22（2）：193-202.

CLOQUELL-BALLESTER VA，TERRES-SIBILLE AC，et al.，2012. Human alteration of the rural landscape：variations in visual perception[J]. Environmental Impact Assessment Review，32：50-60.

COSTANZA R，DE GROOT R，SUTTON P，et al.，2014. Changes in the global value of ecosystem services[J]. Global environmental change，26：152-58.

COSTANZA R，RGE R，GROOT R，et l.，1997. The value of the world's cosystem services and natural capital[J]. Nature，387：253 - 260.

DAILY G C，1997. Natures Services：Societal Dependence on Natural Ecosystems[M]. Washington D C：Island Press.

DAUGSTAD K，2008. Negotiating landscape in rural tourism[J]. Annals of Tourism

Research，35：402-426.

DEVESA M，LAGUNA M，PALACIOS A，2010. The role of motivation in visitor satisfaction：empirical evidence in rural tourism[J]. Tourism Management，31（4）：547-552.

FLEISCHER A，TCHETCHIK A，2005. Does rural tourism benefit from agriculture?[J]. Tourism Management，26（4）：493-501.

FLEISCHER A，PIZAM A，1997. Rural tourism in Israel[J]. Tourism Management，18（6）：367-372.

FUCHS M，HÖPKEN W，LEXHAGEN M，2014. Big data analytics for knowledge generation in tourism destinations-a case from Sweden[J]. Journal of Destination Marketing & Management，3（4）：198-209.

GETZ D，CARLSEN J，2000. Characteristics and goals of family and owner-operated businesses in the rural tourism and hospitality sectors[J]. Tourism Management，21（6）：547-560.

GREGORY R，FAILING L，OHLSON D，et al.，2006. Some pitfalls of an over emphasis on science in environmental risk management decisions[J].Journal of Risk Research，9（7）：717-735.

GUZMAN-PARRA V F，QUINTANA-GARCÍA C，BENAVIDES-VELASCO C A，et al.，2015. Trends and seasonal variation of tourist demand in Spain：the role of rural tourism[J]. Tourism Management Perspectives，16：123-128.

HEERSCHAP N，ORTEGA S，PRIEM A，et al.，2014. Innovation of tourism statistics through the use of new big data sources[C]//12th Global Forum on Tourism Statistics，Prague，CZ.

Hermann A，Kuttner M，Hainz-Renetzeder C，et al.，2014. Assessment framework for landscape services in European cultural landscapes：an Austrian Hungarian case study[J]. Ecological Indicator，37：229-240.

HERNÁNDEZ-MOGOLLÓN J M，CAMPÓN-CERRO A M，LECO-BERROCAL F，et al.，2011. Agricultural diversification and the sustainability of agricultural systems：possibilities for the development of agrotourism[J]. Environmental Engineering and

Management Journal，10（12）：1911-1921.

HORTON J，2008. Producing postman pat：the popular cultural construction of idyllic rurality[J]. Journal of Rural Studies，24：389-398.

HOWLEY P，2011. Landscape aesthetics：assessing the general publics' preferences towards rural landscapes. Ecological Economics，72：161-169.

IORIO M，CORSALE A，2010. Rural tourism and livelihood strategies in Romania[J]. Journal of Rural Studies，26：152-162.

JIA X，FU B，FENG X，et al.，2014. The tradeoff and synergy between ecosystem services in the Grain-for-Green areas in Northern Shaanxi，China[J]. Ecological Indicators，43：103-113.

KARRASCH L，KLENKE T，WOLTJER J，2014. Linking the ecosystem services approach to social preferences and needs in integrated coastal land use management-a planning approach[J]. Land Use Policy，38：522-532.

KEDZIORA A，2010. Landscape management practices for maintenance and enhancement of ecosystem services in a country[J]. Ecohydrology&Hydrobiology，10：133-152.

KHEIRI J，NASIHATKON B，2016. The effects of ruraltourism on sustainable livelihoods（Case study：Lavij rural，Iran）[J]. Modern Applied Science，10（10）：10-22.

KIM T，JEONG G，BAEK H，et al.，2010. Human brain activation in response to visual stimulation with rural and urban scenery pictures：a functional magnetic resonance imaging study[J]. Science of the Total Environment，408：2600-2607.

KITCHIN R, 2014. The real-time city? Big data and smart urbanism[J]. GeoJournal, 79（1）: 1-14.

KRASNY M E，RUSS A，TIDBALL K G，et al.，2014. Civic ecology practices：participatory approaches to generating and measuring ecosystem services in cities[J]. Ecosystem Services，7：177-186.

KUMAR M，KUMAR P，2008. Valuation of the ecosystem services：a psycho-cultural perspective[J]. Ecological Economics，64：808-19.

LANE B，1994. What is rural tourism?[J]. Journal of Sustainable Tourism，2（1-2）：7-21.

LARONDELLE N，HAASE D，2013. Urban ecosystem services assessment along a rural-urban gradient：a cross-analysis of European cities[J]. Ecological indicators，29：179-190.

LARONDELLE N，HAASE D，KABISCH N，2014. Mapping the diversity of regulating ecosystem services in European cities[J]. Global Environment Change，26：119-129.

LATERRA P，ORUE M E，BOOMAN G C，2013. Spatial complexity and ecosystem service in rural landscapes[J]. Agriculture，Ecosystems and Environment，54：56-67.

LEE S H，CHOI J Y，YOO S H，et al.，2013. Evaluating spatial centrality for integrated tourism management in rural areas using GIS and network analysis[J]. Tourism Management，34：14-24.

LI F，YE Y P，SONG B W，et al.，2014. Assessing the changes in land use and ecosystem services in Changzhou municipality，Peoples' Republic of China，1991-2006[J]. Ecological Indicator，42：95-103.

LINDBERG K，ANDERSSON T D，DELLAERT B G C，2001. Tourism development，assessing social gains and losses[J]. Annals of Tourism Research，28（4）：1010-1030.

LONG H，LIU Y，CHEN Y，2010. Building new countryside in China：a geographical perspective[J]. Land Use Policy，27：457-470.

MA S，SWINTON S M，2011. Valuation of ecosystem services from rural landscapes using agricultural land prices[J]. Ecological Economics，70：1649-1659.

MILLENNIUM ECOSYSTEM ASSESSMENT，2005. Ecosystems and Human Well-Being Synthesis[M].Washington DC：Island Press：1-102.

MONZONIS J S，OLIVARES D L，2012. Location factors and tourism development in the rural spaces of the Valencian Autonomous Region[J]. Boletín de la Asociación de Geógrafos Españoles（59）：441-446.

NIEKERK M，2014. Advocating community participation and integrated tourism development planning in local destinations：the case of South Africa[J]. Journal of Destination Marketing & Management，3：82-84.

NIELSEN N C，JOHANSEN P H，2013. Bridging between the regional degree and the community approached to rurality-A suggestion for a definition of rurality for everyday use[J]. Land Use Policy，29：781-788.

NILSSON B，LUNDGREN A S，2015. Logics of rurality：political rhetoric about the Swedish North[J]. Journal of Rural Studies，37：85-95.

NYAUPANE G P，POUDEL S，2012. Application of appreciative inquiry in tourism research in rural communities[J]. Tourism Management，33：978-987.

PALAND H，HELMFRID S，ANTROP M，et al.，2005. Rural landscapes：past processes and future strategies[J]. Landscape and Urban Planning，70：3-8.

PANIAGUA A，2014. Rurality，identity and morality in remote rural areas in northern Spain[J]. Journal of Rural Studies，35：49-58.

PAQUETTE S，DOMON G，2001. Trends in rural landscape development and scociodemographic recomposition in southern Quebec（Canada）[J]. Landscape and Urban Planning，55：215-238.

PARK D B，YOON Y S，2009. Segmentation by motivation in rural tourism：a Korean case study[J]. Tourism Management，30（1）：99-108.

PARK D，LEE K，CHOI H，et al.，2012. Factors influencing social capital in rural tourism communities in South Korea[J]. Tourism Management，33：1511-1520.

PECCOL E，BIRD A C，BREWER T R，1996. GIS as a tool for assessing the influence of countryside：designations and planning policies on landscape change[J]. Journal of Environmental Management，47：355-367.

PERALES Y，2002. Rural tourism in Spain[J]. Annals of Tourism Research，29（4）：1101-1110.

PHILLIPS M，2014. Barque rurality in an English village[J]. Journal of Rural Studies，33：56-70.

Pina I，Delfa M，2005. Rural tourism demand by type of accommodation[J]. Tourism Management，26（6）：951-959.

PLIENINGER T，HOCHEL F，SPEK T，2006. Traditional land-use and nature conservation in European rural landscapes[J]. Environmental Science & Policy，9：317-321.

POCAS I，CUNHA M，PEREIRA L S，2011. Remote sensing based indicators of changes in a mountain rural landscape of Northeast Portugal[J]. Applied Geography，31：871-880.

PRIMDAHL J，KRISTENSEN L S，SWAFFIELD S，2013. Guiding rural landscape change：current policy approached and potentials of landscape strategy making as a policy integrating approach[J]. Applied Geography，42：86-94.

RANDELLI F，ROMEI P，TORTORA M，2014. An evolutionary approach to the study of rural tourism：the case of Tuscany[J]. Land Use Policy，38（5）：276-281.

REICHEL A，LOWENGART O，MILMAN A，2000. Rural tourism in Israel：service quality and orientation[J]. Tourism Management，21（5）：451-459.

SCHWARZ N，2012. Urban form revisited-electing indicators for characterising European cities[J]. Landscape and Urban Planning，104，220-229.

SHARPLEY R，2002. Rural tourism and the challenge of tourism diversification：the case of Cyprus[J]. Tourism Management，23（3）：233-244.

SWANWICH C，2009. Society's attitudes to and preferences for land and landscape[J]. Land Use Policy，26：62-75.

TOLKACH D，KING B，2015. Strengthening community-based tourism in a new resource-based island nation：why and how[J]. Tourism Management，48：386-398.

TORREGGIANI D，LUDWICZAK Z，DALL'ARA E，et al.，2014. Rulan：a high-resolution method for multi-time analysis of traditional rural landscapes and its application in Emilia-Romagna，Italy[J]. Landscape and urban planning，124：93-103.

TOSUN C，2006. Expected nature of community participation in tourism development[J]. Tourism Management，27：493-504.

VILLAMAGNA A M，MOGOLLLON B，ANGERMEIER P L，2014. A multi-indicator framework for mapping cultural ecosystem services：the case of freshwater recreational fishing[J]. Ecological Indicators，45：255-365.

VOGT W，1948. Road to Survival[M]. New York：William Sloan.

VOLKER K，1997. Local commitment for sustainable rural landscape development[J]. Agriculture Ecosystems & Environment，63：107-120.

WANG H，YANG Z，CHEN L，et al.，2010. Minority community participation in tourism：A case of Kanas Tuva Villages in Xinjiang，China[J]. Tourism Management，31：759-764.

WANG Y，BAKKER F，GROOT R，et al.，2014. Effect of ecosystem services provided by urban green infrastructure on indoor environment：a literature review[J]. Building and Environment，77：88-100.

WESTMAN W E，1977. How much are natures's service worth?[J] Science，197：960-964.

Weyland F，Laterra P，2014. Recreation potential assessment at large spatial scales：a method based in the ecosystem services approach and landscape metrics[J]. Ecological Indicators，39：34-43.

WILSON C，MATTHEWS W，1970. Man's impact on the global environment[M]. Cambridge：MIT Press.

WILSON S，FESENMAIER D R，FESENMAIER J，et al.，2001. Factors for success in rural tourism development[J]. Journal of Travel Research，40（2）：132-138.

ZHOU L，2014. Online rural destination images：tourism and rurality[J]. Journal of Destination Marketing & Management，3：227-240.

ZUBE R H，1987. Landscape assessment-values，perceptions and resources[M]. New York：Halsted Press.

保继刚，孙九霞，2006. 社区参与旅游发展的中西差异 [J]. 地理学报，61（4）：401-413.

郭焕成，吕明伟，2008. 我国休闲农业发展现状与对策 [J]. 经济地理，28（4）：640-645.

郭焕成，孙艺惠，任国柱，等，2008. 北京休闲农业与乡村旅游发展研究 [J]. 地球信息科学，10（4）：453-461.

郭焕成，韩非，2010. 中国乡村旅游发展综述 [J]. 地理科学进展，29（12）：1597-1605.

国家发展和改革委员会价格司，2018. 2017 年全国农产品成本收益资料 [M]. 北京：中国统计出版社 .

韩国圣，张捷，黄跃雯，等，2012. 基于旅游影响感知的自然旅游地居民分类及影响因素——以安徽天堂寨景区为例 [J]. 人文地理（6）：123-129.

黄继元，2014. 乡村旅游土地流转研究述评 [J]. 旅游研究，6（3）：20-24.

黄英，周智，黄娟，2014. 大数据时代乡村旅游发展的时空分异特征 [J]. 浙江农业学报，

26（6）：1709-1714.

姜宛贝，刘同，孙丹峰，等，2012. 镇域尺度农村土地承包经营权流转及社会经济驱动因素分析——以北京市昌平区为例 [J]. 资源科学，12（9）：1681-1687.

角媛梅，冯国栋，肖笃宁，2001. 哈尼梯田文化景观及其保护研究 [J]. 地理研究，21（6）：733-741.

李双成，刘金龙，张才玉，等，2011. 生态系统服务研究动态及地理学研究范式 [J]. 地理学报，66（12）：1618-1630.

李宜聪，张捷，刘泽华，2014. 目的地居民对旅游影响感知的结构关系——以世界自然遗产三清山为例 [J]. 地理科学进展，33（4）：584-592.

梁昌勇，马银超，路彩红，2015. 大数据挖掘：智慧旅游的核心 [J]. 开发研究（5）：134-139.

林目轩，2011. 美国土地管理制度及其启示 [J]. 国土资源导刊（增刊）：68-71.

刘滨宜，陈威，2000. 中国乡村景观园林初探 [J]. 城市规划汇刊（6）：66-68.

刘滨谊，王云才，2002. 论中国乡村景观评价的理论基础与指标体系 [J]. 中国园林（5）：76-79.

刘同，李红，孙丹，等，2010. 农村土地经营权流转对区域景观的影响——以北京市昌平区为例 [J]. 生态学报，30（22）：6113-6125.

刘文平，宇振荣，2013. 景观服务研究进展 [J]. 生态学报，33（22）：7058-7066.

龙花楼，李秀彬，2006. 美国土地管理政策演变及启示 [J]. 河南国土资源（11）：46-47.

马少春，2010. 环洱海地区乡村聚落系统的演变与优化研究 [D]. 郑州：河南大学 .

秦学，2008. 中国乡村旅游的空间分布格局及其优化 [J]. 农业现代化研究，29（6）：715-718.

汤茂林，2000. 文化景观的内涵及其研究进展 [J]. 地理科学进展，19（1）：70-79.

汪德根，王金莲，陈田，等，2011. 乡村居民旅游支持度影响模型及机理 ——基于不同生命周期阶段的苏州乡村旅游地比较 [J]. 地理学报，66（10）：1413-1426.

王国恩，杨康，毛志强，2016. 展现乡村价值的社区营造——日本魅力乡村建设的经验 [J]. 城市发展研究，23（1）：13-18.

王华，龙慧，郑艳芬，2015. 断石村社区旅游：契约主导型社区参与及其增权意义 [J].

人文地理（5）：107-110.

王润，刘家明，张文玲，2017. 地理大数据视野下京津冀乡村旅游空间类型区划研究 [J]. 中国农业资源与区划，38（12）：138-145.

王润，刘家明，陈田，等，2010. 北京市郊区游憩空间分布规律 [J]. 地理学报，65（6）：745-754.

王亚新，2005. 农业多功能研究——农业社会学若干问题研究 [D]. 杨凌：西北农林科技大学 .

翁士洪，2012. 农村土地流转政策的执行偏差——对小岗村的实证分析 [J]. 公共管理学报，9（1）：17-24.

吴冠岑，牛星，许恒周，2013. 乡村旅游发展与土地流转问题的文献综述 [J]. 经济问题探索（1）：145-151.

吴冠岑，牛星，许恒周，2013. 乡村旅游开发中土地流转风险的产生机理与管理工具 [J]. 农业经济问题（4）：63-68.

吴茂英，黄克己，2014. 网络志评析：智慧旅游时代的应用与创新 [J]. 旅游学刊，29（12）：66-74.

谢花林，刘黎明，赵英伟，2003. 乡村景观评价指标体系与评价方法研究 [J]. 农业现代化研究，24（2）：95-98.

胥兴安，王立磊，张广宇，2015. 感知公平、社区支持感与社区参与旅游发展关系——基于社会交换理论的视角 [J]. 旅游科学，29（5）：14-26.

徐姗，黄彪，刘晓明，等，2013. 从感知到认知，北京乡村景观风貌特征探析 [J]. 风景园林（4）：73-80.

许峰，李帅帅，齐雪芹，2016. 大数据背景下旅游系统模型的重构 [J]. 旅游科学，30（1）：48-59.

许贤棠，刘大均，胡静，等，2015. 国家级乡村旅游地的空间分布特征及影响因素——以全国休闲农业与乡村旅游示范点为例 [J]. 经济地理，35（9）：182-188.

许振晓，张捷，WALL G，等，2009. 居民地方感对区域旅游发展支持度影响——以九寨沟旅游核心社区为例 [J]. 地理学报，64（6）：736-744.

杨阿莉，袁晓亮，赫玉玮，2012. 基于土地流转的乡村旅游产业化发展研究 [J]. 开发研究（6）：103-106.

杨效忠，张捷，唐文跃，等，2008. 古村落社区旅游参与度及影响因素——西递、宏村、南屏比较研究 [J]. 旅游科学，28（3）：445-451.

姚亦锋，2014. 以生态景观构建乡村审美空间 [J]. 生态学报，32（23）：7127-7136.

张广海，孟禺，2016. 国家级乡村旅游示范县的空间结构特征分析 [J]. 中国海洋大学学报（社会科学版）（4）：80-84.

张宏锋，欧阳志云，郑华，2007. 生态系统服务功能的空间尺度特征 [J]. 生态学杂志，26（9）：1432-1437.

张晋石，2006. 乡村景观在风景园林规划与设计中的意义 [D]. 北京：北京林业大学 .

赵军，杨凯，2007. 生态系统服务价值评估研究进展 [J]. 生态学报，27（1）：346-356.

中国统计年鉴 [EB/OL].（2019-10-10）[2017-01-01].http：//www.stats.gov.cn/tjsj/ndsj/.

全国生猪生产发展规划（2016—2020 年）[EB/OL].（2019-10-10）[2017-11-27].http：//www.moa.gov.cn/nybgb/2016/diwuqi/201711/t20171127_5920859.htm.

苏州统计年鉴 [EB/OL].（2019-10-10）[2017-11-27].http：//www.sztjj.gov.cn/SztjjGzw/tjnj/2017/indexch.htm.

郝志刚，2016. 移动大数据时代我国旅游发展的新思考 [J]. 旅游学刊，31（6）：1-2.

李文华，张彪，谢高地，2009. 中国生态系统服务研究的回顾与展望 [J]. 自然资源学报，24（1）：1-9.

单霁翔，2010. 乡村类文化景观遗产保护的探索与实践 [J]. 中国名城（4）：4-11.

谢高地，鲁春霞，成升魁，2001. 全球生态系统服务价值评估研究进展 [J]. 资源科学，23（6）：6-9.

唐晓云，2014. 用大数据把握旅游管理部门宏观调控的主动权 [J]. 旅游学刊，29（10）：9-10.